中国环境规划政策绿皮书

中国生态环境空间分区管控制度进展报告 2020

于 雷　秦昌波　吕红迪　熊善高　万 军 等/著

U0384508

中国环境出版集团·北京

图书在版编目（CIP）数据

中国生态环境空间分区管控制度进展报告.2020/于雷
等著. —北京：中国环境出版集团，2021.12
（中国环境规划政策绿皮书）
ISBN 978-7-5111-4977-0

Ⅰ．①中… Ⅱ．①于… Ⅲ．①生态环境建设—研究
报告—中国—2020 Ⅳ．①X321.2

中国版本图书馆 CIP 数据核字（2021）第 258993 号

出 版 人	武德凯
责任编辑	殷玉婷
责任校对	任 丽
封面设计	彭 杉

出版发行　中国环境出版集团
　　　　　（100062　北京市东城区广渠门内大街 16 号）
　　　　　网　　址：http://www.cesp.com.cn
　　　　　电子邮箱：bjgl@cesp.com.cn
　　　　　联系电话：010-67112765（编辑管理部）
　　　　　发行热线：010-67125803，010-67113405（传真）
印　　刷　北京中科印刷有限公司
经　　销　各地新华书店
版　　次　2021 年 12 月第 1 版
印　　次　2021 年 12 月第 1 次印刷
开　　本　787×1092　1/16
印　　张　10.25
字　　数　160 千字
定　　价　79.00 元

《中国生态环境空间分区管控制度进展报告2020》编委会

　　中国生态环境管控是随着社会经济的不断发展、生态环境问题的不断演变而逐渐发展起来的。生态环境管控工作从单一要素环境功能区划起步，逐步形成了以单要素生态环境管控为根基、多要素集成管控为主体，有层次、分类型、多样化的生态环境管控手段，其基础理论不断完善，技术方法不断创新，地方实践不断丰富。

　　生态环境管控实践经验表明，尽管在社会经济发展的不同时期生态环境管控的手段与侧重点各不相同，但都对解决一段时间内的主要生态环境问题发挥了积极的作用。当前，生态文明建设正面临着生态环境空间无序、资源环境超载等格局性、空间性问题，而生态环境空间管控在生态环境保护中发挥着前置性、引导性和基础性的作用，因此以系统成套的生态环境空间管控体系推动高质量发展的工作迫在眉睫。

　　本书系统回顾了我国生态环境空间管控的发展历程，从单一要素环境分区管控、综合要素环境功能区划、城市环境总体规划、"三线一单"等方面，对现行生态环境空间管控体系进行详细阐述，梳理了生态环境空间管控在基础理论、重点领域技术方法、综合管控体系集成、成果综合应用等方面的创新，分析了当前国土空间规划体系下生态环境空间管控所面临的机遇与挑战，并对未来我国生态环境空间管控的发展提出了展望与建议。

在本书的编写过程中，得到了生态环境部综合司、环境影响评价与排放管理司等部门领导的大力支持和指导，得到了有关省份、城市的密切配合和积极实践。同时，也得到了生态环境部环境规划院陆军书记、王金南院长等领导的大力支持，在此表示衷心的感谢！

本书由万军、秦昌波、于雷、吕红迪牵头组织编制，由吕红迪、于雷、张旭亚统稿。全书一共设置4章，第1章主要完成人为秦昌波、于雷、吕红迪、熊善高；第2章主要完成人为张培培、路路、陆文涛、牛韧；第3章主要完成人为吕红迪、王成新、张培培、张南南；第4章主要完成人为熊善高、吕红迪、臧宏宽。

生态环境空间管控制度仍在完善和发展过程中，对其理论与技术的探索永无止境。随着相关理论研究、技术探索、应用实践的不断深入，生态环境空间管控的思路、技术路线等还将进一步完善。本书的出版，希望能对生态环境空间管控相关领域的专家、学者及管理人员等有所启发，并与我们共同推动生态环境空间管控制度的完善。

编委会

2021 年 11 月 16 日

执行摘要

当前，我国的生态环境问题已经从单纯的环境污染问题向复合型、综合性生态环境问题转变。近 40 年的快速工业化与城镇化发展挤占了大量的生态空间，区域自然生态系统趋于破碎。区域城乡格局由以大片农田、自然景观为主的"农村包围城市"快速发展为以钢筋混凝土为主的"城镇包围农村"，致使农田、湿地、山林等生态空间变得支离破碎。同时，产业空间开发无序，经济产业布局与环境空间格局不匹配的现象突出，在城市空间布局规划与城市经济产业扩张过程中，产业布局、工业园区布局与城市风场风道、水回流系统冲突，导致"逆流建设"和"顶风发展"的问题普遍存在，这些格局性、布局性、结构性的问题，往往会使生态环境质量的改善"事倍功半"。积极探讨并加快建立生态环境管控体系，将生态优先、绿色发展的原则落到实处，推动建立生态文明和美丽中国的区域格局，是我国生态环境保护工作的应有之责。

我国生态环境空间管控的思路由来已久，随着我国生态环境领域的专家、学者等对经济发展与生态环境互动特征的把握、对不同阶段生态环境问题的认识、对生态环境空间差异性与客观规律的了解，以及对生态环境空间规划理论的深化，生态环境管控的手段也呈现出一定的演变特征。从 20 世纪 80 年代开始，生态环境空间管控手段依次经历了以解决各要素环境问题为出发点的单要素环境功能区划管理模式、以重点区域流域污染控制为主的排放控制区管理模式、以解决综合性环境问题为主的环境功能区划管理模式、以重要生态空间刚性管控为重点的生态保护红线管理模式、以发展布局和自然格局优化调控为主的环境总体规

划集成管控模式，以及以"分区+准入"为手段的"三线一单"系统管控模式等几种类型的演变。

目前，现存生态环境空间管控制度主要包括环境功能区划、城市环境总体规划、"三线一单"三大类生态环境空间管控制度。其中，环境功能区划包括单一要素环境功能区划与综合要素环境功能区划。按照管控要素的不同，单一要素环境功能区划又包括生态功能区划（生态保护红线）、水（环境）功能区划、大气环境功能区划、土壤环境功能区划、声环境功能区划、近岸海域环境功能区划等多种类型。这些具体的管控措施、手段、制度，在我国经济发展的不同时期，对于解决特定领域、特定要素的生态环境问题，均发挥了积极作用。尤其是城市环境总体规划、"三线一单"，在单一要素环境空间管控的基础上，实现了生态环境空间综合管控体系和生态环境空间管控技术的创新，基本形成了一套"环境功能维护—资源环境承载力调控—环境空间管控—环境质量改善—环境差异准入"的生态环境空间管控技术方法和规划框架体系。在生态环境管控基础理论方面，城市环境总体规划、"三线一单"提出"反规划"理论作为生态环境管控的理论基石，做到尊重生态环境各要素在质量、结构、功能等方面的空间差异性，识别需要维护的生态环境功能，开展大气、水、生态的环境系统解析；在识别大气、水、生态环境的高敏感、高功能、重要区域之后，开展大气、水、土壤等资源环境承载力评估，从质量、空间、承载力等角度，形成环境质量底线、生态保护红线、资源利用上线、污染物排放上限等环境保护底线性要求，建立环境系统引导经济发展的框架思路，变生态环境被动防控为融入经济产业发展进程中的主动管控。同时，城市环境总体规划、"三线一单"等工作逐步突破了以控制单元、土地斑块等空间载体为管理单元的环境质量管控难题，对区域水、大气、土壤环境系统进行系统解析，分析模拟各环境污染物的产—汇—流关系、传输扩散关系、污染物排放与环境质量的关系、开发强度与环境安全的关系等与"源—汇"相关的相互影响关系，基于水环境控制单元、大气环境模拟网格、土壤地块等区域单元的生态环境功能差异与相互影响关系，将水、大气、土壤环境质量底线转化为不同区域空间环境质量目标、污染物排放总量限值、资源开发利用强度和环境治理的系统管控方案，将以往难以落地的目标指标与任务措施，转化为规划区域差异化的分区类型与管控要求，实现从目标措施型管控到空间落地型管控的转变。

随着城市环境总体规划、"三线一单"等生态环境空间管控理论和实践的不断深入，生态、水、海洋、大气等环境要素分区管控技术得到不同程度的创新、提升，基于生态环境空间区划基础数据库的生态环境空间管控的地图表达得到质的飞跃，生态环境综合管控集成应用体系也不断完善。目前，生态环境空间管控相关成果已经在全国各省级、市级得到广泛应用，在支撑环评审批、重大项目选址、生态环境治理、服务城市综合决策等方面，正在发挥积极的作用。

2019 年《中共中央 国务院关于建立国土空间规划体系并监督实施的若干意见》确定了国家发展规划、国土空间规划、相关专项规划、区域规划的国家规划体系。在国土空间规划体系构建背景下，生态环境空间管控总体上呈现出从属于国土空间规划的态势，使其挑战与机遇并存。一是在当前国土空间规划体系下，生态环境空间管控处于从属地位，生态环境空间管控体系呈现破碎和割裂的趋势。二是生态环境空间管控多路径推进，自身技术体系尚未形成真正完整的逻辑闭环。近年来，生态环境空间管控呈现出不同的管控模式，单要素、多要素管控相互交织，管控的方向、目标、途径各不相同，相互间协调程度有待进一步加强。三是国土空间规划空间底盘强，要求生态环境空间管控落地更加精准。

当前总体上生态环境空间管控基础数据的规范化与精准化程度仍相对较低，信息化建设与应用较为滞后，区县层级更缺乏数据和能力支撑。

基于我国生态环境保护需求及生态环境空间管控现状，我们认为，美丽中国的构建需要通过生态环境管控来坚守生态环境保护的"规矩"地位，以发挥前置引导作用。因此，在生态文明、空间规划体系中坚持前置引导地位，在美丽中国建设中坚持"规矩"地位，是生态环境空间管控应该坚守的两个基本定位。结合当前生态环境管控面临的现状与形势，我们提出未来要加强"六个一"的建议。一是构建一套适应全国全覆盖、同口径、信息化、可监测、定期更新，涵盖各类生态环境要素和质量管理、污染物排放、管控要求等生态环境权属信息的生态环境基础数据。二是进行衔接、整合，改变当前生态环境分区管控体系的"碎片化"现状，打造技术标准统一、功能定位协调、"整装成套"的生态环境空间管控技术方法体系。三是重构新型生态环境规划体系，按照生态环境要素统筹监管的思路，建立系统完整的"国家—省—市—区县—乡镇"五级生态环境规划体系。四是以分区分类管控为抓手，将环境影响评价、排污许可、生态补偿、污染物排放标准、总量控制等管理制度有机融合，配以开发强度、环境质量、排放限制、环境管理、监督执法、经济政策等，形成一套分区分类管控的闭环管理政策体系。五是开展生态环境空间管控监督政策制度研究，明确各类生态环境分区管控的责任主体，探索一套包含衔接协调、组织应用、监督实施、评估考核、动态更新等特点的，相对完善的生态环境空间管控的管理制度，推动生态环境空间管控制度法治化建设。

Executive Summary

At present, China's eco-environmental problems have transformed from environmental pollution only to composite and comprehensive eco-environmental problems. On the one hand, the rapid industrialization and urbanization during the nearly 4 decades have taken up much of the ecological space, crushing regional natural eco-systems. The previous urban-rural structure of "cities encircled by countryside" featuring vast tracts of farmland and natural landscapes has developed to "countryside encircled by cities" featuring reinforced concrete and shattered ecological space for farmlands, wetlands, mountains and forests, etc. Meanwhile, industrial space is being developed out of order. Economic and structural structures don't match environmental space. And during urban space and layout planning and urban economic and industrial expansion, industrial and industrial park distributions often clash with urban wind fields, air passages and water return systems, causing the common problems of upstream and upwind constructions. Such problems in distribution, layout and structure often hinder eco-environmental improvements. It is the mission in China's eco-environmental protection to explore and facilitate the establishment of eco-environment management and regulation systems, implement the principle of ecology as the priority and green development, and promote the establishment of regional structures for building ecological civilization and a beautiful China.

The thought of managing and regulating eco-environmental space took shape long ago in China. As China's experts and scholars in eco-environment deepen their understanding of the characteristics of interaction between economic development and eco-environment, eco-environmental problems in different phases, the objective law of the differences of eco-environmental spaces, and theories of eco-environment spatial planning, China's measures for eco-environmental management and regulation have also been characterized with corresponding features of evolvement. Beginning from the 1980s, measures for managing and regulating eco-environmental space have gradually experienced the following: the single-factor zoned management model of environmental functions orientated towards solving environmental problems of various factors, the management model of discharge control area featuring pollution control in key regions and basins, the zoned management model of environmental functions featuring solution of comprehensive environmental problems, the management model of ecological conservation redline featuring rigid management and regulation of key ecological spaces, the integrated management and regulation model of overall environmental planning featuring optimized regulation of development and natural layouts, and the systematic management and regulation model of "three lines and one list" with "zoning+access" as the tool.

The main existing management and regulation systems of eco-environmental spaces at present include the three systems of environmental functions zoning, overall urban environmental planning, and "three lines and one list". The first system of environmental functions zoning contains single-factor and comprehensive-factor environmental functions zoning. Based on different factors for management and regulation, single-factor environmental functions zoning can be sub-divided into ecological functions zoning (ecological conservation redline), water (environment) functions zoning, atmosphere environment functions zoning, soil environment functions zoning, sound environment functions zoning, offshore coastal environment functions zoning and other types. These specific management and regulation measures, tools and systems have all played positive roles in solving eco-environmental problems of specific regions and specific factors in different economic development phases of China.

In particular, the overall environmental planning and "three lines and one list", on the basis of single-factor environmental space management and regulation, have innovated the comprehensive management and regulation of eco-environmental space and broken through a large number of eco-environment spatial management and regulation technologies, basically forming a set of eco-environmental space management and regulation technology methods, planning frameworks and systems of "environmental function maintenance-environmental resource load regulation-environmental space management and regulation-environmental quality improvement-differentiated environmental access". In terms of the basic theories of eco-environmental management and regulation, the theory of "anti-planning" has been put forward from the overall environmental planning and "three lines and one list" as the theoretical cornerstone of eco-environmental management and regulation with a view to respecting the spatial differences of each eco-environmental factor in quality, structure and function and identifying eco-environmental functions requiring maintenance. Environmental system analysis of the atmosphere, water and ecology are conducted and highly sensitive, high-functional, and highly important areas of the atmosphere, water, and ecological environment are identified. And assessment of the load of the atmosphere, water, land and other resources and environments is done. From the perspectives of quality, space and load, etc., bottom line of environmental quality, redline of ecological conservation, cap of resource development and pollution discharge, and other bottom-line requirements for environmental protection are formed and the framework for environmental system to guide economic development is established. Therefore, the passive prevention and control of the eco-environment is turned to active management and regulation integrated in the process of economic and industrial development. At the same time, the overall environmental planning, "three lines and one list" and other work have gradually broken through the difficult problems in environmental quality management and regulation with spatial carriers such as control units and land patches as management units. Systematical analysis of the regional water, atmosphere, and soil environmental systems are carried out. The relationship between runoff yield and concentration of all environmental pollutants, transmission and diffusion, and pollutant discharge and environmental quality, the mutual influence relationship of "source-storage" such as the relationship between development intensity and environmental safety, and function differences and mutual influence relationship based on regional units of water environment control units, atmospheric environment simulation networks and soil patches are analyzed and simulated. The bottom line for environmental quality of water, air, and soil is transformed into systematic management and regulation plans for space environment quality goals, total pollutant discharge limits, resource development and utilization intensity, and environmental governance in different regions. Target indicators and task measures that were usually difficult to be implemented in the past are transformed into differentiated zoning types and management and regulation requirements in the planed region, realizing the innovation and change from the target and measure-based management and regulation to spatial implementation-based management and regulation.

As the theory and practice of eco-environment spatial management and regulation such as overall environmental planning and "three lines and one list" continue to deepen, the zoned management and regulation technologies for ecology, water, ocean, atmosphere and other environmental factors have been innovated and improved by varying degrees. The map expression of eco-environment spatial management and regulation based on the basic database of eco-environment spatial management and regulation also has made a qualitative leap, and the integrated application system of comprehensive eco-environmental management and regulation has been continuously explored and improved. At present, the results of eco-environmental management and regulation have been widely applied in various provinces and cities around China, and are playing an active role in supporting environmental review and approval, site selection of key projects, eco-environmental governance, and serving comprehensive urban decision-making.

In 2019, *Several Opinions on the Establishment of Territory Spatial Planning System and its Supervision and Implementation of the Central Committee of the Communist Party of China and the State Council* clarified the national planning systems of national development plans, territory spatial plans and related special plans. Against the backdrop of establishing the territory spatial planning system, eco-environment spatial management and regulation is generally subordinate to territory spatial planning, facing both challenges and opportunities. Firstly, under the current territory spatial planning system, the eco-environment spatial management and regulation is in a subordinate position, and the eco-environment spatial management and regulation system is showing a trend of fragmentation and separation. Secondly, eco-environment spatial management and regulation is being promoted in a multi-line manner and its own technical system hasn't yet formed a truly complete closed logical loop. In recent years, there are different models for eco-environment spatial management and regulation, with both single- and multi-factor management and regulation intertwined, which have different directions, goals, and ways of management and regulation requiring strengthened coordination. Thirdly, territory spatial planning is a strong national planning that requires more precise implementation of eco-environment spatial management and regulation. Currently, basic data for eco-environment spatial management and regulation are generally insufficiently standardized and precise. Information construction and application are still lagging behind and districts and counties face the even more severe lack of data and capacity support.

Based on our needs for ecological and environmental protection and the current status of eco-environment spatial management and regulation, we believe that in order to build a beautiful China, we need to adhere to the regulatory position and the guiding and leading role of eco-environmental protection through eco-environmental management and regulation. Therefore, the guiding and leading position in ecological civilization and spatial planning system, and the regulatory position in the building of a beautiful China are two basic positions that should be adhered to in eco-environment spatial management and regulation. Also, after taking consideration of the current status and situation facing eco-environmental management and regulation, we suggest that the "six ones" proposal should be strengthened in the future. Firstly, one set of basic eco-environmental data with the same caliber should be established that is informationized and monitorable, suits the entire country, updates on a regular basis, and covers various eco-environment factors and eco-environmental ownership information such as quality management, pollutants discharge, and requirements for management and regulation, etc. The second is to connect and integrate and in order to change the current status of "fragmentation" of the zoned eco-environmental management and regulation system, one set of eco-environment spatial management and regulation technology method system should be established with unified technical standards, coordinated functional positioning as a "packaged whole". Thirdly, the new eco-environment planning system should be reconstructed and a systematic and complete five-level eco-environment planning system of "state-province-city-district or county-town" should be established in accordance with the idea of coordinated supervision and management of eco-environment factors. Fourthly, based on zoned and classified management and regulation, one set of closed-loop management policy system for zoned and classified management and regulation should be established by organically integrating environmental impact assessment, pollution discharge permits, ecological compensation, pollutant discharge standards, total volume control and other management systems, together with development intensity, environmental quality, emission restrictions, environmental management, supervision and law enforcement and economic policies, etc. Fifthly, by carrying out studies on supervision policies and systems of eco-environment spatial management and regulation and clarifying the responsible entities of various zoned eco-environmental management and regulation, we should explore a relatively complete set of management systems for eco-environment spatial management and regulation including connection and coordination, organization and application,

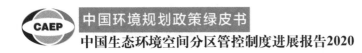
supervision and implementation, evaluation and assessment, dynamic update and so on, to promote legal construction concerning eco-environment spatial management and regulation systems.

目录

目录

1

中国生态环境空间管控的发展历程

1.1 生态环境空间管控的内涵与外延

生态环境空间管控是解决我国生态环境问题、推动我国生态环境质量改善的有效措施之一。广义上，一切以生态环境质量保护与改善为目的，从空间地域差异性管理角度切入开展的一系列生态环境管理工作，均属于生态环境空间管控的范畴。狭义上，生态环境空间管控是指地方各级人民政府或生态环境主管部门，为推动生态环境质量保护与改善，以国土空间为载体，以生态环境的空间差异化特征为基础，划分不同类型的生态环境管理分区，开展生态环境分区、分类、分级管理，实施生态环境差别化管理。

生态环境空间管控的工作基石是各种不同类型的生态环境分区；其核心措施是制定不同生态环境分区的管理目标与管控要求；其核心目的是差异化地解决不同空间地域的特质性生态环境问题，提升生态环境质量改善效率；其最终目的是通过有序的生态环境分区管理，约束和引导

1

区域开发布局，控制和改善开发建设活动的生态环境行为，确保国土开发布局与生态环境安全格局相协调，实现区域环境与资源的永续利用和经济社会的可持续发展。

随着生态环境空间管控理论与实践的不断深入，生态环境空间管控的重要性也在不断提升。2019年，习近平总书记的重要文章《推动我国生态文明建设迈上新台阶》中明确提出："生态环境问题归根结底是发展方式和生活方式问题，要从根本上解决生态环境问题，必须贯彻创新、协调、绿色、开放、共享的发展理念，加快形成节约资源和保护环境的空间格局、产业结构、生产方式、生活方式，把经济活动、人的行为限制在自然资源和生态环境能够承受的限度内，给自然生态留下休养生息的时间和空间。"因此，积极探讨并加快建立生态环境管控体系，将生态优先、绿色发展的原则落到实处，优化生态文明建设和美丽中国建设的区域格局，是我国生态环境保护工作的应有之责。

1.2 生态环境空间管控手段的发展演变

生态环境空间管控作为推动生态环境质量改善、助力经济社会高质量发展的重要手段之一，其也是随着我国对经济发展与生态环境互动特征的把握、对不同阶段生态环境问题的认识、对生态环境空间差异性客观规律的了解，以及对生态环境空间规划理论的深化而不断演变发展的。

1.2.1 以解决各要素环境问题为出发点的单要素环境功能区划管理模式

1978年我国开始实行改革开放政策，经济发展由此驶上高速增长的轨道。20世纪80年代，我国环境问题已经面临比较严峻的形势，城市环境污染问题开始显现，其中以城市河流水质变差最为典型。这一阶段，我国的生态环境保护也是以单要素生态环境治理为主。

为提升生态环境保护的效率，考虑到环境污染对人体的危害以及环境投资效益等方面的因素，20世纪80—90年代以来，我国先后开展了以环境要素管理为目标的大气环境功能区划、声环境功能区划、水环境功能区划、土壤环境功能区划、生态功能区划等单项生态环境要素空间管控探索。这些单要素环境功能区划，是当前整个生态环境管控体系的基础。

单要素的环境功能区划成果，在生态环境保护五年综合规划、生态省（市、县）建设规划、生态环境保护专项规划中得到了实践性的应用，特别是在水功能区划、水环境功能区划和生态功能区划研究成果方面取得了一系列实践性应用成果。

1.2.2　以重点区域流域环境污染控制为主的排放控制区管理模式

20世纪90年代，我国由计划经济向社会主义市场经济转轨，同时掀起了新一轮大规模经济建设。各地上项目、"铺摊子"工程建设热情急剧高涨，全国乡镇企业无序发展，导致此时的我国环境污染加剧。许多江河湖泊污水横流，蓝藻暴发，甚至导致舟楫难行；沿江沿湖居民饮水困难；许多城市雾霾蔽日，空气混浊，给人民群众的生产、生活带来严重不利影响。

在这种情况下，国家环境保护部门启动了对"三河"（淮河、海河、辽河）、"三湖"（滇池、太湖、巢湖）、"一市"（北京市）、"一海"（渤海）的治理；同时围绕环境保护重点城市，启动了大规模的城市环境综合整治行动；根据相关法律法规，开展了"两控区"（酸雨控制区和二氧化硫污染控制区）划分等政策性分区管理工作。相关措施既丰富了生态环境空间管控的内容，也为后续的船舶大气污染物排放控制区等生态环境空间管理手段提供了理论与实践支撑。

1.2.3 以解决综合性环境问题为主的环境功能区划管理模式

2002—2012 年，我国的环境保护工作呈现综合治理阶段的特征。在这一时期，经济高速增长、重化工业大力发展，是环境保护最为艰巨的十年。特别是从 2002 年下半年开始，各地兴起了重化工热，纷纷上马钢铁、水泥、化工、煤电等高耗能、高排放项目，导致环境污染加剧。人们逐渐意识到，单要素环境保护难以彻底改善经济发展与环境保护的关系，环境保护的视野开始从单要素管控逐步向多要素综合管控转变，以期解决综合性环境问题。

在此背景下，在全国生态功能区划的基础上，2009 年环境保护部启动了全国环境功能区划工作，提出了基于主体功能区的生态环境分区管控方案和要求，分别在区域、流域和城市层面进行了实践性应用。

环境功能区划作为综合性生态环境管控手段的先驱，在特定时期发挥了积极的作用，为生态环境综合管控提供了思路与理论支撑。

1.2.4 以重要生态空间刚性管控为重点的生态保护红线管理模式

我国将生态保护红线制度放置在维护国家生态安全的战略性地位。2011 年发布的《国务院关于加强环境保护重点工作的意见》（国发〔2011〕35 号），在国家层面上首次提出"划分生态红线"这一重要战略任务，生态保护红线也因此成为继"18 亿亩耕地红线"后又一条被提升到国家层面的"生命线"。

目前，全国各省级行政单位基本完成了生态保护红线划分工作，正在按照相关要求进行评估。生态保护红线作为维护生态环境安全的"保障线"以及各种管理和决策活动的"高压线",其地位已经形成社会共识并被遵守,由此开启了生态环境保护"硬约束"的新纪元。生态保护红线作为生态环境空间管控的重要抓手,为生态环境空间管控的法治化建设奠定了良好的基础。

1.2.5 以发展布局和自然格局优化调控为主的环境总体规划集成管控模式

21世纪初,随着我国经济与城镇化的高速发展,综合性、格局性、空间性生态环境问题日益凸显,尤其在城市层面表现得愈加显著。在这一发展过程中,城镇建设多以大中型城市为中心向外扩张,导致区域自然生态系统趋于破碎,区域城乡格局由以大片农田、自然景观为主的"农村包围城市"很快发展为以钢筋混凝土为主的"城镇包围农村",致使农田、湿地、山林等生态空间变得支离破碎;产业空间开发无序,石化、化工企业沿江沿海布局,"逆流建设""顶风发展"等城市开发建设中呈现的各种问题,成为影响生态环境的重要因素。城市环境污染已经不是通过单纯的环境治理就能解决的问题,环境保护也已经与城镇化建设、工业产业发展密切交织。越来越多的专家、学者认为,城市建设与经济发展过程中"环境质量底线"的缺失成为环境问题难以根治的关键。

生态环境保护思想逐渐成形的同时,环境规划领域对生态环境空间管控的理论认识也在不断深化。学术界逐渐认识到,生态、水、大气、土壤等环境要素所承担的环境功能、所表现的结构与相互关系格局、所能承载的污染负荷等方面,均具有自身的客观规律性,且在空间上呈现出差异化特征。充分利用生态环境各要素在功能、结构、承载等方面的差异化特征,坚持"该开发的开发、该保护的保护"思想,才能彻底实

现生态环境保护与经济产业发展的协调，进而从根本上推动生态环境质量的改善。

环境规划院 2003 年将该思想创造性地应用于珠江三角洲地区生态环境保护战略研究工作中，提出了"红线调控、绿线提升、蓝线建设"的生态环境空间管控战略，以及区域生态保护分级管控思路，有效地促进了珠江三角洲地区社会经济与生态环境保护的协调发展。此后，原环境保护部将该理论思想在城市层面进一步进行实践。2011 年国家启动城市环境总体规划编制工作，先后在 30 多个城市开展了环境总体规划的编制试点探索工作，形成了一套相对完善的大气、水、生态环境分区管控划分技术，产出了一大批城市环境总体规划成果。广州、福州、宜昌等城市环境总体规划发布实施后，作为城市开发建设与产业发展的重要依据，为促进城市经济产业发展与生态环境保护的协调发挥了积极作用。

1.2.6 以"分区+准入"为手段的"三线一单"系统管控模式

当前，我国发展正面临着资源约束趋紧、环境污染严重、生态系统退化的严峻形势，要破解此发展瓶颈，就要牢固树立"绿水青山就是金山银山"的理念，实现工业文明向生态文明的转变，实现人与自然的和谐相处。

党的十八大以来，党中央、国务院高度重视生态文明建设和生态环境保护，要求牢固树立尊重自然、顺应自然、保护自然的生态文明理念，要求加快构建"三大红线"，推动形成节约资源和保护环境的空间格局、产业结构、生产方式、生活方式。2015 年 7 月，中央全面深化改革领导小组第十四次会议上，明确提出要落实严守资源利用上线、环境质量底线、生态保护红线的要求。

生态环境部积极落实习近平生态文明思想，2016 年启动"三线一单"（即生态保护红线、环境质量底线、资源利用上线和生态环境准入清单）的基础研究与试点工作，下发了相关的技术指南、技术要求、成果规范等一系列技术文件，以及审核规程、实施意见等管理文件，分两批组织全国 31 个省（区、市）及新疆生产建设兵团开展"三线一单"编制工作。截至 2020 年年底，第一梯队 12 个省（市）"三线一单"成果已全部印发，第二梯队 19 个省（区、市）及新疆生产建设兵团已完成成果审核。

目前，多个省（市）从地方立法、政策制定、规划编制、项目建设、资源开发、环境生态目标管理、执法监管、落实实施等方面进行探索，明确"三线一单"的应用与管理要求，推动"三线一单"地方立法，"三线一单"工作得以快速推进，并在生态环境管理中得到落实。

1.3 区域生态环境空间管控的工作背景

1.3.1 区域生态环境空间异质性决定了生态环境空间管控的差异化

由于我国区域间经济发展差异较大，东部地区经济密度分别是中部、西部、东北部地区的 2.81 倍、18.8 倍、5.34 倍，东部、中部、西部地区产业比分别为 69.1%、19.4%、11.5%，同时也存在传统产业、能源、房地产拉动态势明显，核心竞争力缺失、产业低质同构，部分产业产能过剩等情况。区域环境压力不平衡，东南沿海地区前期工作基础好，总体进入工业化后期，生态环境压力相对缓解；中西部地区处于工业化中后期，承接了大量相对落后产业，环境压力有所加大。自然条件差异较大，西北干旱半干旱区和青藏高寒区污染物排放总量较小，但是自然条

7

件相对恶劣，生态环境极其脆弱敏感，部分地区生态系统功能退化明显。东部地区环境污染物排放总量大，部分重点流域和海域水污染严重，京津冀地区的部分区域大气环境问题突出。城乡发展和环境治理不平衡，农村饮用水水源保护滞后，生活污水、垃圾处理率低，农村人居环境"脏、乱、差"现象明显。这些生态环境问题的空间异质性决定了构建环境管理机制的差异化。

1.3.2　快速工业化与城镇化发展挤占生态空间问题突出

自 1978 年起，城镇化快速发展，城镇建设一方面以大中型城市为中心向外扩张，另一方面沿着交通干线发展，使得区域自然生态系统趋于破碎。同时，区域城乡格局由以大片农田、自然景观为主的"农村包围城市"很快发展为以钢筋混凝土为主的"城镇包围农村"，使农田、湿地、山林等生态空间变得支离破碎。2010—2015 年，全国城镇建设、工矿、交通用地增加，挤占了大量生态空间，导致森林、灌丛、草地和湿地自然生态空间减少了 1.5%。洞庭湖现在和 20 世纪 50 年代初相比湖面面积缩小了 38%，蓄洪量减少 80 亿 m^3。除此之外，快速工业化与城镇化发展还导致生物多样性保护优先区域受到人类活动威胁、局部地区森林呈退化趋势、局部草地生态系统退化严重、土地退化问题严重、西部地区生态系统受全球气候变化影响明显、自然岸线及滨海湿地面积明显减少。

1.3.3　经济产业布局与环境空间格局错位、国土空间资源环境超载现象突出

产业空间开发无序，使经济产业布局与环境空间格局不匹配。例如，济南市的工业园区布局在城市静风区域、小风高发区域或城市上风向区

域；全市 11 个市级以上工业园区和 5 个工业集聚区（不含高新技术产业开发区）中，5 个位于大气扩散条件较差的区域，7 个位于大气扩散条件差的区域；全市 31 个大气污染源中，8 个分布在大气扩散条件较差的区域，21 个分布在大气扩散条件差的区域，其中 7 个位于小风（平均风速较低）中心。又如，宜昌市产业布局、工业园区布局与城市风场风道、水回流系统冲突，导致"逆流建设"和"顶风发展"的问题出现。再如，天津港基于环境风险的分区布局与居民区布局不相协调，港口与居民区安全距离、风险距离和卫生距离布局不科学，环境风险隐患突出。

经济产业发展与人口活动程度高，使国土空间资源环境超载现象突出。目前，全国最适宜开发建设的国土面积不足 5%；全国人均水资源量为 2 300 m³，仅为世界平均水平的 1/4；2/3 的省（区、市）地下水超采；海岸带和近岸海域过度开发，超过 80% 的典型海洋生态系统呈亚健康或不健康状态；城市主要污染物排放总量远远超出环境承载力。全国环境承载力评估表明：31 个省（区、市）中有 22 个超载，京津冀区域 108 个区县均超载，长江经济带 1 070 个区县中有 805 个超载。

这些格局性、布局性、结构性的问题，往往会使生态环境质量的改善"事倍功半"，所以我们应深刻认识到：生态环境空间管控在生态环境保护中具有前置性、引导性和基础性的作用，建立系统成套的生态环境空间管控体系是有必要的。

1.4　当前生态环境空间管控的主要问题

尽管生态环境各领域空间管控在精细化管理方面发挥了重要作用，但在地方生态环境管理过程中，生态环境空间分区管控仍是生态环境保护工作中较为薄弱的一个环节。主要表现为以下几个方面：

（1）生态环境空间管控的刚性约束不足，地位偏"软"

在党中央、国务院的高度重视下，通过多部门协调统筹、"三区三线"（"三区"是指城镇、农业、生态空间，"三线"是指生态保护红线、永久基本农田保护红线和城镇开发边界）划分等一系列空间规划措施的改革，生态环境保护目标已成为国家规划发展的重要目标之一，"要发展先保护""绿水青山就是金山银山"等重要理念正不断向应用示范和实际践行中渗透。但是，上述各项生态环境空间管控的手段和模式由于在不同程度上存在应用和实施保障机制不足的问题，导致生态环境空间管控约束、引导的前置性作用尚不能充分发挥，环境保护为经济发展让路等现象依然突出。

（2）生态环境空间管控缺少统一的管理平台，抓手偏"散"

近年来，生态功能区划、生态保护红线、环境功能区划、水功能区划、水环境控制单元、环境网格化管理、"三线一单"制定等一系列空间性的管理制度相继探索性地实施，生态环境空间管控制度相对混乱，缺乏统一的管理平台和工作抓手，导致生态环境空间管控存在空间上重叠、职责分工不明确、管控措施不严谨、技术方法不规范、精细化信息化管理水平不够等一系列问题，难以形成生态环境空间管控的"一揽子"抓手。

（3）生态环境空间管控技术体系不完善，基础偏"差"

随着空间规划体系的不断变革，以及地理信息系统与遥感技术、大数据、虚拟现实技术、智能决策技术等新技术的发展，传统生态环境空间管控的技术方法已越来越难以适应新时期规划任务的要求，特别是难以破解画出"一张图"的难题。一方面，区域生态环境空间管控的任务涉及面广、基础性强、关联关系较为复杂；另一方面，我国环境基础数据坐标系不一致、空间精度差、相互衔接共享难度大，各领域的进展不同步，这些问题的存在亟须通过实现生态环境空间管控的技术集成与数据整合来解决。

（4）生态环境空间管控的全领域管控缺失，内容偏"窄"

目前，生态环境空间管控的重点仍在生态保护红线与生态空间领域上，水、大气、土壤等领域的环境空间管控仍相对薄弱。尽管在生态管控领域中生态保护红线划分对维护区域生态安全格局具有重要作用，其"硬约束"的地位也已具备普适性，但城镇空间、农业空间以及生态保护红线以外的其他生态空间的环境管控却未能全面有效实施。这种非全领域、非系统化的生态环境空间管控现状，导致基于环境宜居的发展规模、密度、布局、结构管控缺失，难以为国家空间格局优化、用途管制和环境治理提供系统方案。

（5）生态环境空间管控的管理机制不完善，应用偏"弱"

生态环境空间管控涉及的各项生态、大气、水环境等的空间管理手段、措施、技术整合难度与部门衔接协调难度都较大。生态环境空间管控政策措施与国家空间规划体系的有效衔接缺位，生态环境空间管控的应用出口受阻。

11

2

中国现行主要生态环境空间
管控制度

随着生态环境保护形势的不断变化，生态环境空间管控逐步由要素环境功能区划、要素分区治理等单一要素管控，向环境功能区划、"三线一单"等多要素、综合性生态环境空间管控转变。当前各类生态环境空间管控制度并存，但总体上以环境功能区划、城市环境总体规划、"三线一单"为主。

2.1 现行生态环境空间管控的主要类型与特点

2.1.1 主要类型

生态环境空间管控经过近 40 年的探索，主要形成了环境功能区划、城市环境总体规划、"三线一单"三大类生态环境空间管控制度。其中，环境功能区划包括单一要素环境功能区划与综合要素环境功能区划

（图 2-1）。按照管控要素的不同，单一要素环境功能区划又分为生态功能区划（生态保护红线）、水环境功能区划、大气环境功能区划、土壤环境功能区划、声环境功能区划、近岸海域环境功能区划等多种类型。

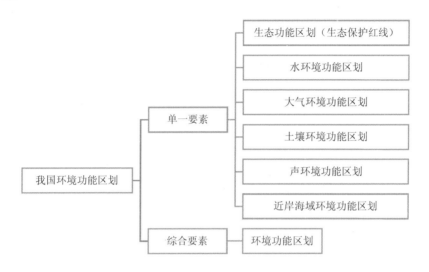

图 2-1　我国环境功能区划的类型

2.1.2　管控特点

随着生态环境保护形势的变化，我国生态环境空间管控呈现以下三个主要特点：

（1）以生态环境功能维护或环境质量标准为基础的单一要素环境功能区划，仍是生态环境空间管控的根基

起步于"八五"时期的大气环境功能区划，以及后续的水环境功能区划、水功能区划、生态功能区划、土壤环境功能区划、声环境功能区划等，均属于此类管控模式。其中，大气环境、水环境、声环境功能区

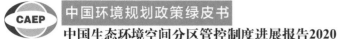

的划分，均以国家发布的环境质量标准为依据，具有一定的效力，是我国生态环境空间管控的基础。

（2）以集成管理为导向，多种生态环境要素综合管控的生态环境空间管控模式，是生态环境空间管控的主要方向

综合要素环境功能区划工作经过十余年的摸索，形成了相对完善的管控思路，环境功能区划工作是此类生态环境管控模式的主要代表，它提出了基于主体功能区的生态环境分区管控方案和要求，在区域、流域和城市层面也分别进行了实践探索，为生态环境多要素、综合管控提供了强有力的理论与实践支撑。

（3）回归生态环境客观规律表征，以区域生态环境结构、功能、承载特征维护为主线的生态环境空间管控思路，是目前生态环境空间管控的主流模式

环境规划院于2003年在珠江三角洲地区生态环境保护规划中开展了相关研究和应用实践的探索，提出了"红线调控、绿线提升、蓝线建设"的生态环境空间管控战略，明确了区域生态保护分级管控思路，促进了珠江三角洲地区社会经济与生态环境保护的协调发展。2011年开始，环境保护部在城市层面进一步进行实践，开展了城市环境总体规划工作，形成了一套相对完善的大气、水、生态环境分区管控划分技术，相关管控成果已经成为地方生态环境系统管理的重要依据。在此基础上，2018年生态环境部在全国范围内开展以"三线一单"为核心的区域空间生态环境评价工作，推动构建全国范围内全覆盖的生态环境分区管控体系，为构建生态环境分区管控制度奠定了坚实的基础。

2.2 单一要素环境功能区划

2.2.1 生态分区管控

（1）生态功能区划

生态功能区划是根据区域生态系统格局、生态环境敏感性与生态系统服务功能空间分异规律，将区域划分成具有不同生态功能的地区。2000 年，国务院颁布的《全国生态环境保护纲要》中要求开展全国生态功能区划工作，这标志着我国开启了生态功能区划的探索。

经过近 8 年的探索，2008 年 7 月，在 31 个省（区、市）和新疆生产建设兵团完成生态功能区划编制工作的基础上，环境保护部和中国科学院联合发布了《全国生态功能区划》。《全国生态功能区划》综合运用新中国成立以来自然区划、农业区划、气象区划，以及生态系统及其服务功能的研究成果，将全国陆地生态系统划分为 3 类（生态调节功能区、产品提供功能区、人居保障功能区）31 个生态功能一级区，细化为 9 个类型（水源涵养功能区、土壤保持功能区、防风固沙功能区、生物多样性保护功能区、洪水调蓄功能区、农产品提供功能区、林产品提供功能区、大都市群功能区、重点城镇群功能区）67 个生态功能二级区和 216 个生态功能三级区。

随着经济社会的快速发展及生态保护工作力度的加强，环境保护部和中国科学院，以 2014 年完成的《全国生态环境十一年变化（2000—2010年）调查与评估》为基础，于 2015 年发布了《全国生态功能区划（修编版）》。《全国生态功能区划（修编版）》将全国划分为三大类、细化为 9 个类型，共 242 个生态功能区，含生态调节功能区 148 个、产品提供功能区 63 个、人居保障功能区 31 个，并确定了 63 个重要生态功能区，见表 2-1。

表 2-1 全国生态功能区划体系

生态功能大类（3 类）	生态功能类型（9 类）	生态功能区举例（242 个）	面积/万 km²	面积比例/%
生态调节（148 个）	水源涵养（47 个）	米仓山—大巴山水源涵养功能区	256.85	26.86
	生物多样性保护（43 个）	小兴安岭生物多样性保护功能区	220.84	23.09
	土壤保持（20 个）	陕北黄土丘陵沟壑土壤保持功能区	61.40	6.42
	防风固沙（30 个）	科尔沁沙地防风固沙功能区	198.95	20.80
	洪水调蓄（8 个）	皖江湿地洪水调蓄功能区	4.89	0.51
产品提供（63 个）	农产品提供（58 个）	三江平原农产品提供功能区	180.57	18.88
	林产品提供（5 个）	小兴安岭山地林产品提供功能区	10.90	1.14
人居保障（31 个）	大都市群（3 个）	长三角大都市群功能区	10.84	1.13
	重点城镇群（28 个）	武汉城镇群功能区	11.04	1.15
合计	242 个	—	956.29	100.0

注：①根据《全国生态功能区划（修编版）》整理。
　　②本书中所有分项加和、合计值与占比数据修约均根据原始统计数据进行计算及进位，与修约后的数据直接计算结果可能有所不同。

《全国生态功能区划（修编版）》除明确了 242 个生态功能区的边界范围外，还分析了各类型功能区的主要生态问题，提出了各类型功能区的生态保护主要方向，明确了生态功能区划的实施要求。针对 63 个全国重要生态功能区，逐一明确了各功能区的边界范围、生态保护现状特征、主要生态问题，提出了生态保护主要措施，为制定区域环境保护与建设规划、维护区域生态安全、完善资源合理开发利用与工农业生产布局、促进保育区生态环境保护提供了科学依据。

在全国生态功能区划的基础上，各地陆续完善生态功能区划工作。全国 31 个省（区、市）和新疆生产建设兵团基本上均发布了省级生态功能区划方案。在省级生态功能区划的基础上，部分市县开展了市县级生态功能区划工作。

生态功能区划分是生态保护工作由经验型管理向科学型管理转变、由定性型管理向定量型管理转变、由传统型管理向现代型管理转变的一项重大基础性工作，为全国生态环境分区管理工作提供了支撑，也是我国生态补偿等制度实施的重要基础。生态环境部以全国生态功能区划为依据，实施了重点生态功能区生态补偿政策，使生态保护的导向性不断增强。

（2）生态保护红线

生态保护红线概念萌芽于 2005 年。2005 年，由国家环境保护总局环境规划院（现生态环境部环境规划院）编制、广东省第十届人大常委会第十三次会议审议通过颁布实施的《珠江三角洲环境保护规划纲要（2004—2020 年）》中，将自然保护区的核心区、重点水源涵养区、海岸带、水土流失极敏感区、原生生态系统、生态公益林等面积约为 5 058 km^2、占珠江三角洲总面积 12.13%的区域划分为红线区域，实施严格保护和禁止开发措施，生态红线的概念在我国学术界被首次提出。

随着生态红线在珠江三角洲地区的成功实践，生态红线的概念逐步在城市规划、区域规划、土地利用总体规划、区域空间生态环境评价和相关学术研究中得到应用（图 2-2）。2011 年，《国务院关于加强环境保护重点工作的意见》和《国家环境保护"十二五"规划》提出:"编制国家环境功能区划,在重要(点)生态功能区、陆地和海洋生态环境敏感区、脆弱区等区域划分生态红线",标志着生态红线正式从区域战略上升为国家战略。2015年1月1日起实施的《中华人民共和国环境保护法》第二十九条提出:"国家在重点生态功能区、生态环境敏感区和脆弱区等区域划定生态保护红线,实行严格保护"。标志着生态保护红线的概念被纳入法律。生态保护红线概念与内涵的演变路线如图2-2所示。

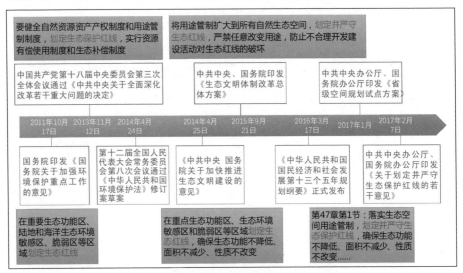

图2-2　生态保护红线概念与内涵的演变路线

在生态保护红线划分的技术方面,2013年环境规划院参与编制的《宜昌市环境总体规划(2013—2030)》提出,宜昌市生态保护红线体系包括生态功能红线、环境质量安全底线和自然资源开发红线。在此基础上,环境保护部印发的《国家生态保护红线——生态功能红线划定技术指南(试行)》(环发〔2014〕10号)明确了国家生态保护红线体系包括生态功能保障基线(简称生态功能红线)、环境质量安全底线(简称环境质量红线）和自然资源利用上线（简称自然资源红线）3 种类型，是对生态保护红线的科学系统阐述。2015 年和 2017 年，环境保护部先后两次对该生态保护红线划分指南进行了修订，不断完善生态保护红线的概念和划分技术。目前，生态保护红线是指在生态空间范围内具有特殊重要生态功能、必须强制性严格保护的区域，是保障和维护国家生态安全的"底线"和"生命线"。

按照生态保护红线划分相关工作部署，2018 年全国 31 个省（区、市）基本完成了生态保护红线划分工作。其中，京津冀地区 3 省（市）、长江经济带 11 个省（市）和宁夏回族自治区共 15 个省（区、市）生态保护红线划分方案已获国务院批准（表 2-2）。上述经国务院批复的 15 个省（区、市）生态保护红线面积共 57.54 万 km²，占陆域国土面积的 24.85%；涉及 291 个国家重点生态功能区县域，县域生态保护红线的面积平均占比超过 40%。

表 2-2　全国陆域生态保护红线面积及比例统计（评估前）

序号（按评估前红线的面积大小排序）	省（区、市）	陆域国土面积/万 km²	评估前陆域生态保护红线	
			面积/万 km²	占比/%
1	四川	48.60	14.80	30.45
2	云南	38.32	11.84	30.90
3	江西	16.69	4.68	28.06
4	贵州	17.60	4.59	26.06
5	湖南	21.18	4.28	20.23
6	湖北	18.59	4.15	22.32
7	河北	18.85	3.86	20.49
8	浙江	10.43	2.48	23.82
9	安徽	14.01	2.12	15.15

序号（按评估前红线的面积大小排序）	省（区、市）	陆域国土面积/万 km²	评估前陆域生态保护红线	
			面积/万 km²	占比/%
10	重庆	8.24	2.04	24.82
11	宁夏	5.20	1.29	24.76
12	江苏	10.32	0.85	8.21
13	北京	1.64	0.43	26.14
14	天津	1.19	0.12	10.00
15	上海	0.68	0.01	1.30
合计		231.54	57.54	24.85（均值）

数据来源：国务院批复的各省（区、市）生态保护红线划分方案（评估前）。

2019 年自然资源部办公厅、生态环境部办公厅联合陆续印发了《关于开展生态保护红线评估工作的函》（自然资办函〔2019〕1125 号）、《生态保护红线勘界定标技术规程》（环办生态〔2019〕49 号），启动生态保护红线优化评估与勘界工作。

2.2.2 水环境分区管控

（1）水环境功能区划

水环境功能区划是环境保护行政主管部门，从限制排污、降低水资源开发利用的环境影响角度出发，采用一级功能区划分体系，划分自然保护区、饮用水水源保护区、渔业用水区、工业用水区、农业用水区、景观娱乐用水区等水域分类管理功能区，以及混合区、过渡区等的一项区划工作。

各类水环境功能区依据地表水环境功能高低差异，执行不同的地表水环境质量标准，并配套一定的排污许可管理等管控要求。源头水、国家自然保护区执行地表水环境质量 I 类标准；集中式生活饮用水地表水水源地一级保护区、珍稀水生生物栖息地、鱼虾类产卵场、仔稚幼鱼的索饵场等执行地表水环境质量Ⅱ类标准；集中式生活饮用水地表水水源地二级保护区、鱼虾类越冬场、洄游通道、水产养殖区等渔业水域及游泳区等执行地表水环境质量Ⅲ类标准；一般工业用水区及人体非直接接触的娱乐用水区执行地表水环境质量Ⅳ类标准；农业用水区及一般景观要求水域执行地表水环境质量Ⅴ类标准。

水环境功能区划工作起步较早，1989 年国家环境保护局组织召开的全国第二次水污染防治会议部署了水环境功能区划工作。随后，全国绝大多数省（区、市）相继完成了水环境功能区划，绝大多数地级市都编制了包括地表水在内的环境功能区划方案。截至 2002 年，已有 16 个省（区、市）人民政府批准实施了水环境功能区划，有 5 个省级行政区以省级地方标准的形式颁布实施，其他各省级行政区所辖地级市也大都批复实施了辖区内的水环境功能区划。

在国家层面，2002 年由国家环境保护总局牵头，环境规划院及全国 31 个省（区、市）有关部门的人员共同完成的全国水环境功能区划，对全国十大流域、51 个二级流域、600 多个水系、5 737 条河流和 980 个湖库进行了水环境功能区的划分，划分了 12 876 个水环境功能区。其中，河流功能区 12 482 个，湖泊功能区 394 个，基本覆盖了环境保护管理涉及的水域。各功能区都设置了相应的控制断面，共涉及监测断面 9 000 余个。其中，6 229 个功能区有常规性的国控、省控、市控监测断面。

多年来，水环境功能区划工作在水污染防治和水资源保护方面发挥了至关重要的作用，虽然此工作目前尚未实现水域和陆域的统筹，但是对于水环境的分区管理仍具有重要的现实意义。

（2）水功能区划

水功能区划是水利管理部门，为满足水资源合理开发、利用、节约、保护的需求，根据水资源的自然条件和属性，依据其主导功能划分范围并执行相应水环境质量标准的一项区划工作。

水功能区划分为一级区划和二级区划两级体系（图 2-3），一级区划在宏观上调整水资源开发利用与保护的关系，协调地区间关系，同时考虑持续发展的需求；二级区划主要确定水域功能类型及功能排序，协调不同用水行业间的关系。其中，一级水功能区分为 4 类，即保护区、保留区、开发利用区、缓冲区；二级水功能区将一级水功能区中的开发利用区进一步划分为饮用水水源区、工业用水区、农业用水区、渔业用水区、景观娱乐用水区、过渡区、排污控制区 7 类。

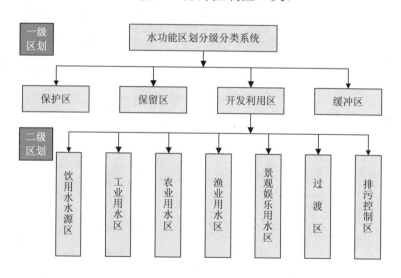

图 2-3 我国水功能区划体系

1999 年开始，水利部组织各流域管理机构和全国各省（区、市）开展水功能区划工作，并于 2002 年编制完成了《中国水功能区划》。《中国水功能区划》将全国 1 407 条河流、248 个湖泊水库，划分为保护区、缓冲区、开发利用区、保留区的一级水功能区共 3 122 个，区划总计河长 21 万 km。在水功能一级区划的基础上，将开发利用区进一步划分为饮用水水源区、工业用水区、农业用水区、渔业用水区、景观娱乐用水区、过渡区和排污控制区的二级水功能区共 2 813 个，河流总长约 7.4 万 km。

2002 年 10 月起施行的《中华人民共和国水法》进一步明确了水功能区划的法律地位。2003 年，水利部颁布了《水功能区管理办法》，明确了对水功能区的具体管理规定。同时，各省（区、市）积极推进水功能区划工作，2001—2008 年，全国 31 个省（区、市）人民政府先后批复并实施了本辖区的水功能区划方案。

经过多年的实践和探索，水功能区划体系已基本形成，在水资源保护和管理工作中发挥了重要作用，是核定水域纳污能力、制定相关规划的重要基础和主要依据。2018 年国务院机构改革后，水功能区划和水环境功能区划的职能被合并纳入生态环境部的统一管理中。目前，生态环境部正在开展两项工作的统筹、整合工作。

专栏 2-1　水环境功能区划与水功能区划的差异性

1. 划分主体不同

水环境功能区划由环境保护部门划分，水功能区划由水利部门划分。但在 2018 年国务院机构改革后，水功能区划和水环境功能区划的职能被合并纳入生态环境部进行统一管理。

2. 划分依据不同

水环境功能区划分依据是《中华人民共和国水污染防治法》《地表水环

境质量标准》，水功能区划分依据是《中华人民共和国水法》《水功能区划分标准》。

3. 划分类别不同

由于划分依据不同，水环境功能区划分为自然保护区、饮用水水源保护区、渔业用水区、工业用水区、农业用水区、景观娱乐用水区等。

水功能区划采用两级划分体系，一级水功能区分为 4 类，即保护区、保留区、开发利用区、缓冲区；二级水功能区对一级水功能区中的开发利用区再细分为饮用水水源区、工业用水区、农业用水区、渔业用水区、景观娱乐用水区、过渡区和排污控制区。

4. 划分角度不同

水环境功能区划的目的是限制排污，是从排放、影响等角度出发；而水功能区划是从水资源利用角度出发。

5. 执行标准不同

水功能区划虽然也执行《地表水环境质量标准》，但是与水环境功能区划执行标准略有不同，如水功能区的保护区执行水环境质量 Ⅰ 类或 Ⅱ 类标准，而水环境功能区中的自然保护区执行水环境质量 Ⅰ 类标准，水源地一级保护区执行水环境质量 Ⅱ 类标准，水源地二级保护区执行水环境质量 Ⅲ 类标准等。

（3）流域水污染控制分区

基于控制单元的流域水污染控制分区管理是我国水环境流域治理优秀经验的凝练。流域水污染控制分区以水质目标的实现为核心诉求，以水定陆，是实施水污染防治工作的重要空间载体。

我国的流域水污染控制分区实践始于"九五"时期淮河流域水污染防治规划。《淮河流域水污染防治规划及"九五"计划》将淮河流域划分成了 7 个控制区、34 个控制单元和 100 个控制子单元。"十五"期间，《淮河流域水污染防治"十五"计划》在"九五"期间分区体系的基础上，将控制单元由"九五"期间的 100 个调整为 111 个，并确定了化学需氧量和氨氮的污染物排放总量与入河总量控制目标。

"十二五"时期，水污染控制单元分区体系进一步完善，形成了"流域—控制区—控制单元"三级水污染控制分区体系。《重点流域水污染防治"十二五"规划》根据水资源分区、流域汇流特征和行政区界，以县级行政区为基本单元，将我国的八大流域划分成了 37 个控制区、315 个控制单元，并依据各控制单元的污染状况、质量改善需求和风险水平，确定 118 个优先控制单元，分水质维护型、水质改善型和风险防范型 3 种类型实施分类指导，有针对性地制定控源减污、生态修复、风险防范等措施，逐步将管理的重点扩展到生态和风险领域。

"十三五"时期，水污染控制分区体系进一步完善与精细化，将全国划分为 341 个控制区、1 784 个控制单元，控制单元总个数约增加了 4 倍，首次形成了覆盖全国的流域水环境三级分区管理体系。将 1 784 个控制单元又进一步分为 580 个优先控制单元和 1 204 个一般控制单元，因地制宜地采取水污染物排放控制、水资源配置、水生态保护等措施，流域分区、分级、分类的针对性管控措施进一步强化，精细化管理水平进一步提升。

（4）其他类型的水环境区划

除水功能区划、水环境功能区划外，我国已开展的与水生态系统相关的区划还有用于水文水利管理的水文区划、确定河流生态环境需水量的生态水文区划、进行水生态管理的水生态分区，但这些都处于探索阶段，尚未真正固化成为成熟的区划制度。

其中，水生态分区制度在美国得到实施，并逐步形成了以水生态区域为基础的水生态分区管理方法与技术体系。1987 年美国发布的水生态分区方案为三级区划体系，后来为了加强非点源污染的管理和监测，

补充开展了第四级区划。其中，一级区划是依据流域水生态系统空间尺度效应与驱动因子分析而提出的大尺度分区，主要反映自然地理因子对水生态系统的影响（地质、地貌、水文和气候等是一级区划常用的指标体系）。二级区划是依据流域水生态景观格局与驱动因子分析而提出的中尺度的分区，更多地体现自然地理分异规律及人类活动的影响（土壤、植被、土地利用、人口密度等基于河流物理栖息地的环境因子是二级区划常用的指标体系）。三级、四级水生态功能分区是更小尺度的分区。三级区划指标以水质、水生生物等水生态因子为主（氮、磷、鱼类生物多样性、浮游动植物等是三级区划常用的指标体系）。四级区划在河段层面上以河流生境特征所反映的水生生物分布格局为依据（河流比降、蜿蜒度、河岸带类型等为四级区划常用的指标体系）。

2.2.3 大气环境分区管控

（1）环境空气质量功能区划

我国从 1995 年开始探索环境空气质量功能区划工作，其目的是配合《环境空气质量标准》（GB 3095—1996）的实施，在相应的功能区基础上制定有效的污染控制措施，改善环境空气质量，防止生态破坏，并保障污染物排放总量控制措施、工业污染物排放标准等的正确实施，同时也为建设项目环境影响评价和区域规划环境影响评价提供依据。

1996 年，国家环境保护局出台《环境空气质量功能区划分原则与技术方法》（HJ/T 14—1996）（以下简称"1996 年标准"），统一了环境空气质量功能区划的技术标准。1996 年标准与《环境空气质量标准》（GB 3095—1996）中的一类、二类、三类环境质量功能区相对应，环境空气质量功能区分为一类环境空气质量功能区（一类区）、二类环境空气质量功能区（二类区）和三类环境空气质量功能区（三类区）。其中，一类区指自然保护区、风景名胜区和其他需要特殊保护的地区；二类区指城镇规划中确定的居住区、商业交通居民混合区、文化区、一般工业区和农村地区，以及一类区、三类区不包括的地区；三类区指特定工业区。

随着经济的发展，原来的三类区大多成为居住区、商业区、公共绿地等。2012 年审议并通过的《环境空气质量标准》（GB 3095—2012）调整了环境空气质量功能区分类，将三类区并入二类区。

目前，全国各省（区、市）均划分了本辖区环境空气质量功能区，对辖区实施污染物排放总量控制措施、工业污染物排放标准，推动空气质量改善起到了积极作用。

（2）"两控区"及大气污染控制分区

20 世纪 90 年代末，为应对日益严重的酸雨污染问题，根据《中华人民共和国大气污染防治法》明确提出了在全国划分二氧化硫污染控制区和酸雨控制区（以下简称"两控区"）的方案。原国家环保总局依据气象、地形、土壤等自然条件，划分"两控区"总面积约为 109 万 km^2，占陆域国土面积的 11.4%。其中，酸雨控制区面积约为 80 万 km^2，占陆域国土面积的 8.4%；二氧化硫污染控制区面积约为 29 万 km^2，占陆域国土面积的 3%。

目前，"两控区"的管理意义虽然日渐淡化，但随着区域性大气污染问题日趋突出，其所产生的基于区域大气污染联防联控划分大气重点管控区的思路，逐渐被决策者采纳。2010 年，环境保护部等 9 部委在充分吸收国内外环境管理经验的基础上，制定并印发了《关于推进大气污染联防联控工作改善区域空气质量的指导意见》，提出解决区域大气污染问题，必须尽早采取区域联防联控措施的思路。2012 年，环境保护部、国家发展改革委、财政部联合发布了我国首部综合性大气污染防治规划，即《重点区域大气污染防治"十二五"规划》。该规划确定京津冀地区、长江三角洲地区、珠江三角洲地区等 13 个重点区域，涉及 19 个省（区、市）、117 个地市级及以上城市。目前，随着大气污染防治工作的日益深化，大气污染防治重点区域的范围也在日益扩大和调整。

2.2.4 土壤环境分区管控

（1）土壤环境功能区划

相对于其他要素性环境功能区划，土壤环境功能区划的探索起步较晚。2009 年，环境保护部组织召开的全国环境保护工作会议，提出了开展土壤环境功能区划试点工作的要求。2011 年，环境保护部发布的《关于进一步加强农村环境保护工作的意见》中提出"建立土壤环境功能区划指标体系和区划方法，构建土壤环境分区分类管理体系"的要求。

2010 年环境保护部在其组织起草的土壤环境功能区划征求意见稿中，初步明确土壤环境功能区划的概念内涵是依据各土壤环境单元的承载力（环境容量）及环境质量的现状和发展变化趋势，结合土地利用方式和社会经济发展对土壤环境质量的要求，对区域土壤进行合理划分的过程。它既包括基于土壤环境本身环境功能的差异而进行的土壤目标分区，也包括为了保护土壤环境功能而进行的政策和措施分区。

但在总体上，土壤环境功能区划尚未形成统一的技术体系，土壤环境功能区划分类体系仍在不断探索的过程中。目前，土壤环境功能区划的研究方法主要有层次分析法、模糊聚类法，以及遥感与地理信息系统技术支持的空间分析法。虽然从分类体系上，不同的专家、学者也试探性地提出不同分区分类体系的建议方案，但是由于土壤环境功能区划存在尺度差异，其在评价指标体系选择、分级分类系统确定等方面的差异也都尚不明确，并且缺乏统一的标准规范。

（2）土壤风险控制分区

目前，以土壤安全利用为目的构建的农用地及建设用地分区、分类管理的土壤风险控制分区体系，成为土壤污染防治相关计划、方案及规划的基础。

在农用地风险控制分区方面，重点是对优先保护类耕地实施严格保护，优先将其划为永久基本农田，确保其面积不减少、土壤环境质量不下降；对安全利用类耕地采取农艺调控、替代种植、种植结构调整或退耕还林还草等措施，阻断土壤中的污染物向农产品中转移，降低农产品重金属等污染物超标风险；对严格管控类耕地实施用途管制，依法划分特定农产品禁止生产区域，并严禁在划分区域内种植食用农产品。

在建设用地风险控制分区方面，重点是建立建设用地调查评估制度，根据污染地块名录及其开发利用的负面清单，对建设用地严格用途管制；对暂不开发利用或现阶段不具备治理修复条件的污染地块，通过划分管控区域，落实风险管控措施。

2.2.5　海洋环境分区管控

（1）海洋功能区划

海洋功能区是根据海域的自然资源条件、环境保护状况、地理区位、开发利用现状，并考虑国家或地区经济与社会持续发展的需要，所划分的具有最佳功能的区域。

我国的海洋功能区划具有较高的法律地位。1982 年第五届全国人民代表大会常务委员会第二十四次会议通过的《中华人民共和国海洋环境

保护法》提出开展海洋功能区划相关工作，2002 年起施行的《中华人民共和国海域使用管理法》中将海洋功能区划确定为海域使用管理的 3 项基本制度之一。

我国的海洋功能区划工作起步也相对较早，最早可追溯到 20 世纪 70 年代末。国家海洋局自 20 世纪 80 年代开始开展相关调查和研究等准备工作，于 1997 年出台《海洋功能区划技术导则》（GB 17108—1997）（后于 2006 年进行修编），形成了海洋功能区划技术方法体系。在此基础上，我国已经于 1989—1995 年、2002 年、2012 年先后完成了 3 轮海洋功能区划的编制。其中，2002 年版《全国海洋功能区划》首次获得国务院批复。在此基础上，2012 年国务院批复《全国海洋功能区划（2011—2020 年）》和 11 个省级海洋功能区划。2012 年版《全国海洋功能区划（2011—2020 年）》将我国管辖海域划分为渤海、黄海、东海、南海和台湾以东海域共五大海区、29 个重点海域，并逐一明确了各重点海域的主要功能。

2013 年，国家海洋局要求沿海地区海洋管理部门尽快完成市县级海洋功能区划的编制，同时要求省级海洋功能区划提出的定量目标在市县级海洋功能区划中分解和落地。至此，国家、省（区、市）、市县 3 级海洋功能区划分量目标管控体系基本建立。

现行海洋功能区划体系共包括农渔业、港口航运、工业与城镇用海、矿产与能源、旅游休闲娱乐、海洋保护、特殊利用、保留共 8 类海洋功能区。针对各类海洋功能区，我们要明确其环境质量标准、海洋环境保护要求和具体管理措施，有效推动海洋生态环境保护与建设（表 2-3）。

表 2-3　全国海洋功能区分类及海洋环境保护要求

一级类	二级类	海水水质（引用标准：GB 3097—1997）	海洋沉积物质量（引用标准：GB 18668—2002）	海洋生物质量（引用标准：GB 18421—2001）	海洋环境保护要求
1 农渔业区	1.1 农业围垦区	不劣于二类			不应造成外来物种侵害，防止海水养殖污染和水体富营养化，维持海洋生物资源可持续利用，保持海洋生态系统结构和功能的稳定，不应造成滨海湿地和红树林等栖息地的破坏
	1.2 养殖区	不劣于二类	不劣于一类	不劣于一类	
	1.3 增殖区	不劣于二类	不劣于一类	不劣于一类	
	1.4 捕捞区	不劣于一类	不劣于一类	不劣于一类	
	1.5 水产种质资源保护区	不劣于一类	不劣于一类	不劣于一类	
	1.6 渔业基础设施区	不劣于二类（其中渔港区执行不劣于现状海水水质标准）	不劣于二类	不劣于二类	应减少对海洋水动力环境、岸滩及海底地形地貌的影响，防止海岸侵蚀，不应对毗邻海洋生态敏感区、亚敏感区产生影响
2 港口航运区	2.1 港口区	不劣于四类	不劣于三类	不劣于三类	
	2.2 航道区	不劣于现状海水水质标准	不劣于二类	不劣于二类	
	2.3 锚地区	不劣于现状海水水质标准	不劣于二类	不劣于二类	
3 工业与城镇用海区	3.1 工业用海区	不劣于三类	不劣于二类	不劣于二类	应减少对海洋水动力环境、岸滩及海底地形地貌的影响，防止海岸侵蚀，避免工业和城镇用海对毗邻海洋生态敏感区、亚敏感区产生影响
	3.2 城镇用海区	不劣于三类	不劣于二类	不劣于二类	

31

一级类	二级类	海水水质（引用标准：GB 3097—1997）	海洋沉积物质量（引用标准：GB 18668—2002）	海洋生物质量（引用标准：GB 18421—2001）	海洋环境保护要求
4 矿产与能源区	4.1 油气区	不劣于现状水平	不劣于现状水平	不劣于现状水平	应减少对海洋水动力环境产生影响，防止海岛、岸滩及海底地形地貌发生改变，不应对毗邻海洋生态敏感区、亚敏感区产生影响
	4.2 固体矿产区	不劣于四类	不劣于三类	不劣于三类	
	4.3 盐田区	不劣于二类	不劣于一类	不劣于一类	
	4.4 可再生能源区	不劣于二类	不劣于一类	不劣于一类	
5 旅游休闲娱乐区	5.1 风景旅游区	不劣于二类	不劣于二类	不劣于二类	不应破坏自然景观，严格控制占用海岸线、沙滩和沿海防护林的建设项目和人工设施，妥善处理生活垃圾，不应对毗邻海洋生态敏感区、亚敏感区产生影响
	5.2 文体休闲娱乐区	不劣于二类	不劣于一类	不劣于一类	
6 海洋保护区	6.1 海洋自然保护区	不劣于一类	不劣于一类	不劣于一类	维持、恢复、改善海洋生态环境和生物多样性，保护自然景观
	6.2 海洋特别保护区	使用功能水质要求	使用功能沉积物质量要求	使用功能生物质量要求	
7 特殊利用区	7.1 军事区				防止使海洋水动力环境条件改变，避免对海岛、岸滩及海底地形地貌的影响，防止海岸侵蚀，避免对毗邻海洋生态敏感区、亚敏感区产生影响
	7.2 其他特殊利用区				
8 保留区	8.1 保留区	不劣于现状水平	不劣于现状水平	不劣于现状水平	维持现状

注：根据《全国海洋功能区划（2011—2020年）》整理。

根据现行海洋功能区划，全国沿海 11 个省（区、市）共设置 1 837 个海洋功能区。作为我国海洋开发利用和保护的基本依据，近 40 年来，海洋功能区划的编制和实施在协调行业用海冲突、维护海洋开发利用秩序、提高海域价值、保护海洋生态环境等方面发挥了重要的作用。2021 年 4 月，新一轮海洋功能区划的编制公布，受生态文明建设和国土空间规划编制等因素影响面临多重机遇和挑战。

（2）近岸海域环境功能区划

近岸海域环境功能区，是指为适应近岸海域环境保护工作需要，依据近岸海域的自然属性和社会属性以及海洋自然资源开发利用现状，结合本行政区国民经济、社会发展计划和规划，对近岸海域按照不同的使用功能和保护目标而划分的海洋分区。

近岸海域环境功能区划与海洋功能区划一样，均属我国海洋环境管理的基本法律制度，在海洋环境管理中均居于基础性地位。但二者在法律地位上有较大的差别，海洋功能区划作为一项法律制度，最先由《中华人民共和国海洋环境保护法》在法律层面上提出，后由《中华人民共和国海域使用管理法》在法律层面上正式确立。而近岸海域环境功能区划则是源于国家环境保护总局于 1999 年 12 月所颁布的部门性规章制度《近岸海域环境功能区管理办法》（国家环境保护总局令　第 8 号）。随后，国家环境保护总局于 2001 年发布标准《近岸海域环境功能区划分技术规范》（HJ/T 82—2001），指导全国沿海省市开展近岸海域环境功能区划工作。

国家环境保护总局发布的《近岸海域环境功能区划分技术规范》（HJ/T 82—2001），根据《海水水质标准》（GB 3097—1997），确定四类近岸海域环境功能区，并明确各类功能区的海水水质标准及生态环境保护与修复的相关要求。根据《福建省近岸海域环境功能区划（修编）》

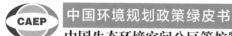
规定，一类近岸海域环境功能区包括海洋渔业水域、海上自然保护区、珍稀濒危海洋生物保护区，执行一类海水水质标准；二类近岸海域环境功能区包括水产养殖区、海水浴场、人体直接接触海水的海上运动或娱乐区、与人类食用直接有关的工业用水区，执行二类海水水质标准；三类近岸海域环境功能区包括一般工业用水区、海滨风景旅游区，执行三类海水水质标准；四类近岸海域环境功能区包括海洋港口水域、海洋开发作业区，执行四类海水水质标准。

目前，沿海各省（区、市）、市、县基本上完成组织编制并开始实施了本辖区近海海域环境功能区划，对推动近岸海域水质改善，维护近岸海域生态环境保护与修复工作起到了积极作用。目前，全国人民代表大会已启动《中华人民共和国海洋环境保护法》修正工作，将对海洋功能区划、近岸海域环境功能区划等相关工作进行调整、整合，协同推进我国海洋生态环境保护。

专栏2-2　海洋功能区划与近岸海域环境功能区划的差异性

1. 划分目的不同

海洋功能区划的目的是通过划分具有主导功能和使用范围的海域空间单元，明确在该海域空间单元的海洋开发利用类型和方向，来规制各涉海行业和部门在该海域空间单元进行开发利用的随意性和自主度。

近岸海域环境功能区划的目的则是通过近岸海域环境功能区的划分，明确各近岸海域环境功能区的环境保护目标，并以此来约束和限制开发利用活动中对该近岸海域环境功能区环境质量可能产生影响的环境损害和污染行为。

2. 划分属性不同

海洋功能区划是以功能为标准，将海洋空间资源科学、合理地划分为若干功能单元，以实现海洋空间资源在不同涉海行业间的优化配置。而近岸海域环境功能区划虽然也将海域划分为具有不同使用功能的空间单元，但空间单元之间的区别不在于使用功能，而在于各自的环境保护目标差异。

在具体实践中，单一的海洋功能区只有单一的主导功能，而单一的近岸海域环境功能区则可能有多个功能，但却执行单一的环境保护目标，即执行单一的海水水质要求。

3. 法律地位不同

海洋功能区划制度是由《中华人民共和国海洋使用管理法》和《中华人民共和国海洋环境保护法》所确立的，得到了国家法律层面的承认。而近岸海域环境功能区划制度是由《近岸海域环境功能区管理办法》所确立的，而《近岸海域环境功能区管理办法》是国家环境保护总局自行颁布的部门规章，法律层级和效力均在《中华人民共和国海洋使用管理法》和《中华人民共和国海洋环境保护法》之下。

2.2.6 声环境分区管控

1993 年，我国颁布《城市区域环境噪声标准》（GB 3096—1993）后，国家环境保护局出台了《城市区域环境噪声适用区划分技术规范》（GB/T 15190—1994），开始探索声环境功能区划工作。声环境功能区划主要以《声环境质量标准》（GB 3096）为依据，对城市规划区内不同声环境功能的区域进行划分，以作为噪声污染防治的法定依据。2008 年，《声环境质量标准》（GB 3096—2008）颁布后，关于声环境功能区划分的技术规范随之进行修订。《声环境功能区划分技术规范》（GB/T 15190—2014）于 2014 年发布实施，并作为声环境功能区划分的技术规范性文件沿用至今。

按照《声环境功能区划分技术规范》（GB/T 15190—2014），城市声环境功能区包括 0 类声环境功能区、1 类声环境功能区、2 类声环境功

能区、3 类声环境功能区、4 类声环境功能区 5 种类型。其中,0 类声环境功能区指康复疗养区等特别需要安静的区域;1 类声环境功能区指以居民住宅、医疗卫生、文化教育、科研设计、行政办公为主要功能,需要保持安静的区域;2 类声环境功能区指以商业金融、集市贸易为主要功能,或者居住、商业、工业混杂,需要维护住宅安静的区域;3 类声环境功能区指以工业生产、仓储物流为主要功能,需要防止工业噪声对周围环境产生严重影响的区域;4 类声环境功能区指交通干线两侧一定距离之内,需要防止交通噪声对周围环境产生严重影响的区域,包括 4a 类和 4b 类两种类型。4a 类为高速公路、一级公路、二级公路、城市快速路、城市主干路、城市次干路、城市轨道交通(地面段)、内河航道两侧区域;4b 类为铁路干线两侧区域。

声环境功能区的划分主体基本为市级生态环境行政主管部门。目前,我国各地级市基本划分了本辖区声环境功能区划,作为本辖区城市噪声污染防治的重要基础。

2.3 综合要素环境功能区划

环境功能区是按照国家主体功能定位,依据社会经济发展需要和不同地区环境结构、环境状态和环境服务功能的分异规律,分析确定不同区域的主体环境功能,并据此确定保护和修复的主导方向、执行相应环境管理要求的特定空间单元。

2.3.1 技术框架

国家环境功能区划工作启动于 2009 年,陆续开展了环境功能基础评估、环境功能区划体系构建、环境功能区划技术与方法制定、全国环境功能区划方案和控制导则编制、环境要素管理导则编制、环境红线管控体系制定、环境功能区划信息管理系统开发、省级区划编制试点等工作。

2012 年，环境保护部在浙江、湖南等 13 个省（区、市）环境功能区划探索实践的基础上，编制并发布了《全国环境功能区划编制技术指南（试行）》。《全国环境功能区划编制技术指南（试行）》根据环境保障自然生态安全和维护人群环境健康两方面的基本功能，把国土空间分为自然生态保留区、生态功能调节区、食物安全保障区、聚居发展引导区、资源开发维护区 5 种环境功能区。按照环境功能体现形式或环境管理要求的差异，各类环境功能区进一步划分为若干亚类。其中，自然生态保留区根据保护等级进一步划分为自然文化资源保护区和保留引导区；生态功能调节区根据生态功能类型进一步划分为水源涵养区、水土保持区、防风固沙区和生物多样性维护区；食物安全保障区根据主要产品种类和环境管理特点划分为粮食环境安全保障区、畜产品环境安全保障区和近海水产环境安全保障区；聚居发展引导区根据环境质量本底、污染排放份额和环境监管手段等因素划分为聚居环境优化区、聚居环境维持区和聚居环境治理区。

2.3.2 全国环境功能区划

2012 年，环境规划院以保障自然生态安全、维护人群环境健康、提升区域环境支撑能力等方面为出发点，构建环境功能评价指标体系，开展全国基于县级单元的环境功能评估，提出了全国环境功能区划方案。全国环境功能区划空间方案将我国陆域国土面积的 53.2%划为自然生态保留区和生态功能保育区，为国民经济的健康持续发展提供了生态保障；将陆域国土面积的 46.8%划为食物环境安全保障区、聚居环境维护

区和资源开发环境引导区，主要从事农业生产、城镇化和工业化开发以及资源开发利用，其重点是维护人群健康。

全国环境功能区划方案除了在全国范围内划分环境功能分区，还根据各环境功能分区的主导环境功能，明确了各类环境功能区的主要管控要求（表2-4）。自然生态保留区作为保障国家永续发展的环境区域，根据法律规定，实行强制性保护。生态功能保育区坚持"保护优先、有保有压、适度发展"的原则，即发展不影响生态功能的文化旅游等产业，限制大规模的工业化和城镇化开发，控制人类活动开发强度。食物环境安全保障区坚持"保障基本、安全发展"的原则，以保障农业生产环境安全为基本出发点，适度进行工业和海岸线的开发建设，有序推进城镇化进程。聚居环境维护区坚持"以人为本、优化发展"的原则，以保障人居环境健康为根本出发点，引导人们在开发建设活动中注重优化布局措施，促进经济社会与生态环境协调发展。资源开发环境引导区坚持"规划先行、有序发展"的原则，着眼于经济社会的长远发展，通过制订资源开发利用规划，规范各类资源的开发秩序，提高资源利用效率。

表 2-4　全国环境功能区划

大类	环境功能定位	与主体功能区规划关系	亚类	面积/万 km²	控制单元举例	管理目标
I 类区——自然生态保留区	保障自然生态系统稳定和可持续发展	禁止开发区	I-1 自然文化资源保护区	120.0	纳木错国家自然保护区	依法实施强制性保护
			I-2 保留引导区	107.2	塔克拉玛干沙漠	控制人类干扰，保留潜在环境功能

大类	环境功能定位	与主体功能区规划关系	亚类	面积/万 km²	控制单元举例	管理目标
Ⅱ类区——生态功能保育区	保障区域主体生态功能稳定	限制开发的生态地区	Ⅱ-1 水源涵养区	82.7	大兴安岭森林生态功能区	维护区域水源涵养功能稳定
			Ⅱ-2 水土保持区	24.3	大别山水土保持功能区	维护区域水土保持功能稳定
			Ⅱ-3 防风固沙区	86.6	科尔沁草原生态功能区	维护区域防风固沙功能稳定
			Ⅱ-4 生物多样性维护区	87.1	秦巴生物多样性功能区	维护生物多样性保护功能稳定
Ⅲ类区——食物环境安全保障区	保障主要食物生产地环境安全	限制开发的农业地区	Ⅲ-1 农产品环境安全保障区	170.3	黄淮海商品粮基地	保障主要粮食生产地环境安全
			Ⅲ-2 牧产品环境安全保障区	45.1	内蒙古东部草甸草原	确保畜牧产品产地的环境安全
			Ⅲ-3 近海水产品环境安全保障区	0.8	南海诸岛	保障近岸海水产品产地的环境安全
Ⅳ类区——聚居环境维护区	保障主要人口集聚区环境健康	重点开发区	Ⅳ-1 环境优化区	35.7	长三角地区	经济发展和环境保护协调的先导示范区
		优化开发区	Ⅳ-2 风险防范区	126.9	海峡西岸经济区	提高人口聚居地环境健康保障能力
Ⅴ类区——资源开发环境引导区	保障资源开发环境安全	能源与矿产资源基地	Ⅴ 资源开发环境引导区	69.6	鄂尔多斯盆地	控制资源开发对周边区域环境功能的影响

注：本区划不含香港特别行政区、澳门特别行政区和台湾省。

39

2.3.3 管理应用

在全国环境功能区划分的基础上，环境规划院探索性地提出基于
生态环境功能区划管理的环境质量管理要求（表 2-5），并针对各类环
境功能区探索性地提出大气、水、土壤、生态等各环境要素的环境质
量要求。

表 2-5 基于生态环境功能区划的环境质量管理要求探索

一级区	二级区	环境质量要求			
		水	大气	土壤	生态
Ⅰ 自然生态保留区	自然资源保留区	本底值	本底值	本底值	本底值
	后备保留区	本底值	本底值	本底值	本底值
Ⅱ 生态功能保育区	水源涵养区	Ⅱ	一级	一级	水源涵养能力不退化
	水土保持区	Ⅱ	一级	一级	水力侵蚀强度小于中度
	防风固沙区	Ⅱ	一级（PM$_{10}$除外）	一级	水力侵蚀强度小于中度
	生物多样性保护区	Ⅱ	一级	一级	生态多样性指数不降低
Ⅲ 食物环境安全保障区	粮食、优势粮食及优势农产品环境安全保障区	渔业水Ⅲ类、灌溉水Ⅴ类	一级	菜地一级，一般农田二级	农田生态系统健康
	畜禽产品环境安全保障区	Ⅳ	一级	二级	草原生态系统健康
	水产品环境安全保障区	近岸海水《海水水质标准》（GB 3097—1997）一类	一级	二级	近海海洋生态系统健康

一级区	二级区	环境质量要求			
		水	大气	土壤	生态
Ⅳ聚居环境维护区	环境优化区	集中式饮用水水源地水质达标率＞96%，水功能区达标率达到100%	二级以上天数＞80%	土壤环境质量达标率＞90%	建成区绿化覆盖率＞35%
	环境控制区	集中式饮用水水源地水质达标率＞90%，水功能区达标率达到90%	二级以上天数＞70%	土壤环境质量达标率＞70%	建成区绿化覆盖率＞30%
	环境治理区	集中式饮用水源地水质达标率＞80%，水功能区达标率达到60%	二级以上天数＞60%	土壤环境质量达标率＞50%	建成区绿化覆盖率＞20%
Ⅴ资源开发环境引导区		Ⅳ/Ⅴ	三级	三级	基本保持稳定

综合环境功能区划在区域、流域等层面也得到了一定的实践应用。浙江省发布了《浙江省环境功能区划》，并出台《浙江省人民政府办公厅关于全面编制实施环境功能区划加强生态环境空间管制的若干意见》等管理文件，可作为区域生态环境差异化管理的重要依据。国家出台的《京津冀协同发展生态环境保护规划》《青藏高原区域生态建设与环境保护规划（2011—2030年）》等规划文件，表明开展环境功能区的划分工作，对于引导各地从生态环境保护角度优化区域国土空间开发格局，协调地区内和地区间经济发展与环境保护的关系起到了积极的推动作用。

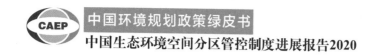

2.4 城市环境总体规划

城市环境总体规划立足保障城市可持续发展，注重解决城镇化、工业化和农业现代化协同推进过程中的生态环境建设与保护问题，是市人民政府以当地自然环境、资源条件为基础，以保障行政区域环境安全、维护生态系统健康为根本，通过统筹城乡经济社会发展目标，合理开发利用土地资源，优化城市经济社会发展空间布局，确保实现城市可持续发展所作出的战略部署。

2.4.1 萌芽发展

2000 年以来，我国大规模、高速度的城镇化建设在为经济社会发展注入强大动力的同时也给生态环境带来巨大压力。城市发展布局、重大资源开发和项目建设与环境空间格局不匹配，城市规模与资源开发利用程度超出资源环境承载力底线，城市连片开发蚕食生态空间，工业企业不合理的建设布局引发环境安全隐患等问题，逐渐成为我国城镇化进程中面临的巨大环保压力。但当时，由于环境规划功能定位的限制，区域、城市环境保护规划侧重于对生产生活排放污染物的治理，无法对城市长远发展和空间布局提出引导性要求。如何解决城镇化进程中所面临的空间性、格局性、长期性环境问题，是当时环境规划与环境管理领域的突出难题。在此背景下，城市环境总体规划的思路开始萌芽并快速发展。

2003 年，环境规划院在《珠江三角洲环境保护规划纲要（2004—2020年）》中孕育了环境总体规划的雏形。珠江三角洲地区环境保护规划提出，在珠江三角洲地区现代化建设中，环境保护要实行"红线调控、绿线提升、蓝线建设"三线战略。"红线调控"战略，即将生态环境的敏感区域设置为红线范围，并在这些区域内实行退"经济"进"环保"措施。"绿线提升"战略，是将绿色化发展作为经济可持续发展的方向，打造世界现代绿色制造业基地。"蓝线建设"战略，即加强生态环境污染防治，强化环境安全调控，使其成为促进区域可持续发展的支撑。同时，珠江三角洲环境保护规划提出"治东岸、防西岸、抓南部、保北部""工业污染控制强化监管，生活污染控制重在建设，消费污染控制需要引导"的生态环境保护战略指引。这些着眼于战略路线、长远保护、空间引导、发展调控的规划思想，逐步完善并演化为城市环境总体规划的理论根基。

专栏 2-3 珠江三角洲地区环境保护"红线调控"战略

其核心内容是将生态环境的敏感区域设置为红线范围，并在这些区域实行退"经济"进"环保"措施，即减小红线区域内的社会经济规模，有序地退出各种不符合生态环境要求的活动，对区域内实行生态抚育和系统恢复，以及环境保护，确保大区域的生态安全。

1. 主要目的

从珠江三角洲社会经济与环境协调发展的角度出发，改变目前珠江三角洲整体密集开发的空间格局形态，为城市社会经济活动提供环境底线，通过生态功能区划确定需要严格保护的地区以及污染负荷超过环境容量的"红线"控制地区，建立与环境容量、资源约束相适应的社会经济空间布局，适应资源和环境的空间分布和供给能力，以环境要求为基础和底线，决定社会经济发展布局和发展方式。

2. 主要内容

（1）基于生态功能分区的生态安全格局建构

基于对区域生态结构体系的维护，对重要生态服务功能与敏感生态功能区的保护，提出珠江三角洲地区区域生态保护分级控制战略。在这个分级控制的生态保护战略中，所有珠江三角洲地区土地类型依据其生态敏感与重要程度以及生态保护控制的严格程度，分为"严格保护区、控制性保护利用区、引导性开发建设区"3个生态保护级别。其中，严格保护区面积为5 058 km²，占区域总面积的12.13%。

实施区域生态安全屏障建设工程，对区域内的自然保护区、水源涵养区、海岸带、水土流失极敏感区、原生生态系统、国家级生态公益林等重要和敏感生态功能区实行严格保护和系统恢复，确保区域生态服务功能得到有效维护，奠定区域生态安全格局的基本骨架。

（2）强化城镇建设的生态调控

对大型自然斑块进行保护、抚育及自然恢复，保护相对孤立的区域自然生态系统保留地，加强对城市群之间的孤立山体绿地的保护和恢复；通过对连绵山脉、河流干道进行维护，形成连通区域间各结构性生态控制区的生态通道，沿交通干道和经济走廊建立完善的防护体系，精心维护各生态通道的交叉点、脆弱点；保护大片城镇景观中残遗的小片自然斑块，最终在珠江三角洲地区建成"六区、六核、十六通道、十八节点"的区域生态结构体系，即六个一级结构性生态控制区，六处重要的城市绿核，包括五条主要的交通和经济辐射通道、五条重要河流通道、六条重要山脉在内的十六通道，十八处关键节点。

（3）基于环境资源容量的空间布局优化

对于水、大气环境容量和资源已经透支的区域，必须加以重点关注和治理；对于敏感和重要的区域，如水源保护和大气敏感区，必须实行严格保护以维护区域整体环境不至于发生不可逆转的变化。

之后，环境规划院在广东省、京津冀地区、长三角地区、长吉联合都市区等一系列区域生态环境规划中，对相关生态环境保护空间管控方面进行了大量的探索，并努力将这些探索、实践、思考的成果纳入城市环境总体规划体系中，推动环境总体规划理论体系的不断发展与完善。

2011 年，国务院印发的《国家环境保护"十二五"规划》中明确提出"探索编制城市环境保护总体规划"。自此，城市环境总体规划编制工作正式启动，并成为"十二五"期间我国一项重要的环保工作。"十二五"期间，环境保护部先后启动 3 批 28 个试点，陆续发布了《城市环境总体规划编制试点工作规程》《城市环境总体规划编制技术要求（试行）》，基本构建以"环境功能定位—环境资源承载调控—环境空间管控—环境质量改善--环境风险分区管控"为主线的生态环境空间技术方法体系。

2.4.2 理论创新

城市环境总体规划在以往各类生态环境规划、生态环境管控手段的基础上，重点围绕空间有序、资源节约、承载合理、质量优良等内容，积极探索、不断创新。

（1）遵循客观规律，维护生态环境在结构、功能上的基本特征

自然系统是人类社会经济系统最根本的依赖，而和谐社会及和谐的城市结构和功能关系，最终来源于人与自然的和谐关系，包括由自然告诉我们适宜的功能布局、适宜的居住地、绿色而快捷的交通方式以及连续而系统的游憩网络，甚至合适的城市空间形态。国内外生态规划的思想、绿地优先的思想、景观规划等均是对生态优先理念的探索和实践。生态环境系统在结构、功能等方面存在客观规律性，环境总体规划以自

然规律为准则，区域开发建设与经济发展应在生态环境系统的客观规律框架内进行，同时坚持遵循生态环境系统特征、资源环境承载力约束特征，探索实现城市健康永续发展之路。

（2）强化生态环境空间管控的落地性特征，奠定城市健康发展的自然环境空间框架基础

随着城镇化建设的快速推进，我国城市与区域环境问题发生重大转变。经济发展和产业结构、布局与区域生态环境系统格局、承载力的冲突是区域环境问题难以解决的主要原因之一。生态优先的理念和社会经济与环境协调发展的准则，首先需要在空间上得到尊重和体现。城市环境总体规划必须创建一套空间系统解析、评估、决策、规划的技术体系，才能实现生态环境保护的落地、推动生态环境参与综合决策。

（3）积极探索生态环境客观规律的空间性表达，推动生态环境保护参与综合决策

维护良好的生态环境格局是区域发展与建设的自身需求。传统的污染防治型生态环境保护思路难以从根本上解决生态环境问题。城市生态环境总体规划应强化环境质量约束力、生态空间维护力、资源环境承载力等的底线思维，在区域发展过程中解决好区域城镇开发建设与生态环境保护的一致性问题。对于环境保护相关制度与政策，也需要在科学解析环境系统空间特征的基础上，实施差异化管理，协同构建区域可持续发展的空间、结构、目标、制度等宏观战略框架，积极推动生态环境保护参与综合决策。

（4）向空间要效率，向容量要质量，强化从源头解决生态环境问题

目前，我国仍处于城市化快速发展阶段。按照传统的城镇化发展模式，外延式扩展不可避免，人口增长、建设用地扩张、污染物排放加剧

等问题还将不断涌现。城市环境总体规划应站在生态环境保护与经济社会发展相协调的高度，在区域城镇化建设发展过程中，利用好自然客观规律的空间特征与容量特征，在有限的空间和容量范围内扩容提质，努力提高经济社会发展规律与自然环境客观规律的协调性，向空间要效率，向容量要质量，统筹好生态环境保护与经济发展之间的关系，坚决绕开"先污染，后治理"的老路。

（5）强化空间表达的技术探索，变生态环境客观规律为环境规划语言，变环境规划语言为城市规划语言

区域经济发展领域的城市建设、经济发展、资源开发等内容均具有空间属性，而传统生态环境保护内容多为任务型，其空间属性多数不明确或精细程度不足，导致区域建设和经济发展在空间上难以与生态环境保护要求相衔接。因此，城市环境总体规划应跳出原有的要素型、任务型生态环境保护思路禁锢，只有通过强化环境保护要求的空间表达性，落实环境系统的结构、过程和功能要求，明确环境空间管控的方式，逐步构建起以环境空间管控为核心的理念、思路与实施框架，才能为城镇化发展在空间布局、经济结构谋划等方面提供一个基础性依据。

2.4.3　规划分位

围绕定位与要解决的问题，城市环境总体规划应把握以下几个核心内容：

（1）规划战略上，充分体现城市环境总体规划参与综合决策的要求

城市环境总体规划应统筹好发展与保护、引导与约束、当前与长远三大关系，应以环境空间规划优化国土开发格局，以环境资源调控城市发展规模与布局，以良好的生态环境支撑城市可持续发展，以环境公共

服务提升全域城镇化水平，努力建设城市—环境—经济—社会协调发展的基础平台。

（2）规划目标上，要注重突出城市环境功能的维护和改善

城市环境总体规划，是为了更好地维护城市生态环境功能，维护城市环境安全。为此，在项目研究的总体思路上，要贯彻环境功能维护的主线：在城市环境功能定位上，强调从大尺度区域、流域、自然地域单元、城市群等层面明确其定位；在空间格局调控方面，注重依据城市不同区域环境功能，调控优化城市发展布局；在目标和重点任务方面，注重维护城市环境质量健康，改善城市环境功能。

（3）规划内容上，突出重点，有所为，有所不为

城市环境总体规划涉及面广、尺度大、周期长，在规划的研究编制过程中，既需要从城市全局、宏观、整体上考虑规划分位与框架，也需要在重点领域形成扎实的基础支撑。环境总体规划并非无所不包，而是要在突出总体性和战略性的同时，兼顾重点领域的迫切解决方案，为后续方案、下一层级规划留下空间。在重点解决中长期空间管控和功能提升问题的基础上，提出噪声管理、海洋环境监控等不作为规划研究的重点。

（4）规划抓手上，注重突出空间管控与底线控制

紧紧围绕底线思维，确立城市开发建设的"红线""上线""底线"和"基线"，从技术上为编制环境优先的基础性规划提供支持。研究、建立城市环境总体规划与城市总体规划、土地利用总体规划的技术衔接路径，通过技术规划和政策手段实现环境先行的目标，将"生态红线""风险防线""资源底线""排放上线"和"质量基线"等要求纳入相关规划，突出环境保护要求的空间落地，强调资源环境承载力的底线约束作用，提出并落实城市发展建设在规模、结构、布局、方式等方面的控

制性和引导性要求。

（5）在规划衔接上，落实上位规划、协调同级规划、指引下位规划

城市环境总体规划衔接落实国家区域环境保护战略、国家环境功能区划等上位规划，是落实上一层级国家、区域、流域环境保护战略要求的落脚点。环境总体规划要重点确定城市环境格局、生态红线、环境资源开发强度以及综合性环境功能区划，与五年环境保护规划、节能减排规划等保持衔接，以此指导环境保护规划的编制，同时落实环境保护规划和深化环境总体规划的要求，可以为环境总体规划的落实提出行动计划。经过批复实施的环境总体规划，是城市编制环境保护规划、污染防治规划、环境整治规划等专项规划的依据，其他环境保护专项规划应与环境总体规划要求保持衔接。城市环境保护规划、污染防治规划等专项规划是落实环境总体规划的专项规划。

同时，城市环境总体规划确定的"质量基线""生态红线""排放上线""风险防线""资源底线"等内容，是对城市环境保护提出的强制性、引导性要求，是城市环境分区规划与重点区域环境控制性规划等下位规划的依据和基础。全域环境总体规划批复实施后，各区县可根据环境总体规划的要求，编制区县环境总体规划。重点区域应落实规划要求编制环境控制性规划。

2.4.4 基本考虑

2009 年 8 月，环境规划院组织开展的国家环境保护"十二五"规划基本思路研究中首次提出"开展试点城市环境保护总体规划，构建环境先行的城市规划体系"。按照试点工作给出的定义，环境总体规划是市级人民政府以当地资源环境承载力为基础，以自然规律为准则，以可持续发展为目标，统筹优化城市经济社会发展空间布局，确保实现经济繁

荣、生态良好、人民幸福目标所做出的战略部署。

（1）环境总体规划的核心是对生态环境客观规律性的规划表达，是基于生态环境客观规律的一种"留白型"规划

生态环境具有一定的客观规律性特征。例如，大气、水等环境因子具有一定的流动性，其对污染物传输具有一定的扩散特征，污染物从产生到传输再到接触受体的各环节、全过程，都可能对环境安全及环境质量造成影响，独立解决单一环节的问题往往会使环境安全的维护"事倍功半"。生态环境具有一定的结构性特征，识别生态系统主要的生态功能，分析生态系统对抗外界冲击能力的脆弱性，对于维护区域生态环境质量具有重要意义。环境总体规划就是以上述理论为支撑，解析环境要素（生态、水、大气、海洋等）结构的敏感性、传输过程的脆弱性、生态功能的重要性等方面的客观差异性特征，开展基于生态环境客观规律研究的环境规划方案设计。

（2）规划分位与核心特征应是空间管控型、发展引导型，其目标是引导、优化、支撑城市的健康发展

随着城镇化建设的快速推进，我国城市环境问题发生了重大转变。城市发展和产业结构、布局与城市生态环境系统格局、承载力的冲突是城市环境问题难以解决的主要原因之一，其实质是在规划和布局源头没有实现环境保护的"三同时"制度[①]。当前传统的环境规划缺乏空间管控手段，难以与城市规划、土地规划等进行有效的衔接与融合，也难以在前端对开发建设行为进行引导和约束。环境总体规划只有打破传统任务型、指标型的思维模式，创建一套空间系统解析、评估、决策、规划的技术体系，才能实现环境规划的空间落地以及其与城市规划、土地规划、经济规划在空间上的有效衔接。

---

① 注："三同时"，即建设项目中的防治污染的设施应当与主体工程同时设计、同时施工、同时投产使用。

（3）规划重点从空间、结构、目标等层面与城市空间规划紧密衔接，实现"多规融合"

维护良好的生态环境格局是城市发展与建设的自身需求。传统的污染防治型规划难以从根本上解决生态环境问题，规划应重点从空间、结构、目标等战略层面明确环境保护要求，在编制过程中与城市空间规划以及各专项规划充分衔接并随时进行调整、修正，在城市发展过程中解决好城市开发建设与环境保护一致性的问题，协同构建城市可持续发展的空间、结构、目标等宏观战略框架。

（4）规划分位于战略性、基础性规划，要与环境保护专项规划各负其责、不可偏废

环境总体规划分位于战略性、基础性规划，积极落实国家、区域环境保护要求，重点解决城市发展与建设过程中格局性、结构性的环境问题，对城市环境保护提出中长期目标与战略路径，而一般性的环境污染治理问题由环境保护五年规划、污染治理型环境保护专项规划解决。

2.4.5 内涵特征

结合环境规划院理论研究与试点工作的探索经验，环境保护总体规划应把握好、遵循好以下内涵、特征：

（1）充分体现"长期、综合、总体、先行、先导"等特色

将环境保护目标、任务等放在城镇化与工业化长期发展的大背景下谋划和考量。遵循复合生态系统运行规律，从维护环境安全与生态系统健康的角度，提出城市环境战略定位、环境保护总体布局、环境质量要求，提前对城市建设规模与布局、经济发展方式等做出引导性要求，从源头奠定城市环境保护格局。

（2）紧紧把握"空间落地"这一环境总体规划最核心的特征，促进规划从要素型、任务型向空间型、引导型转变

重视自然生态系统和资源环境本底，基于水、大气、生态环境系统结构、过程和功能的连通性与完整性，制定基于环境功能区和生态红线的分级分区控制体系，以环境系统格局优化城市发展格局。同时，环境总体规划从要素型、任务型规划向空间型、引导型规划转变，不是对规划任务制图，而是将环境系统本身的结构、过程和功能要求，通过空间平台整合分析，形成环境空间管控地图。

（3）强调以资源环境承载力为基础、以自然规律为准绳的原则，可为城市发展和经济布局提供依据

规划设计的定位是指引产业发展和人口集聚，基于资源环境承载能力区域、流域的差异，建立与环境容量、资源约束力相适应的社会经济空间格局。具体的做法包括：一方面是分析土地承载力，明确"资源底线"，提出生态用地保护和利用的要求，制订开发强度控制指引方案。另一方面，基于城市大气和水环境系统解析的结果，明确大气和水环境承载力，提出阶段性的环境容量使用程度控制指标，明确"排放上线"，制订基于环境承载力的产业结构调整指引方案，以环境底线调控城市发展。

（4）建立以总体规划为核心的城市环境规划体系，为环境保护参与城市发展综合决策、实现环境综合管理提供平台

积极落实国家、区域、流域环境保护战略要求，同时对污染防治、生态恢复、资源环境保护等专项规划提出遵循或改善的要求，完善环境规划体系。明确环境保护对于城市发展的作用和要求，积极协调发展规划、空间规划的衔接，将环境保护真正融入经济社会发展的过程中，推动环境管理战略转型。

2.4.6 技术难点

基于以上考虑，环境总体规划需要实现理论创新向规划手段创新的转变。现阶段总体规划面临较大的技术瓶颈，因此亟须在技术方法及实践中进行突破创新。

（1）环境空间管控技术的创新

环境作为一种资源，同生态系统一样存在需要严格保护的区域，因此进行环境空间管控势在必行。具体围绕以下两个问题展开：一是为了维护生态系统健康，国家建立了自然保护区、风景名胜区等管理制度，环境空间管控可以在生态系统空间管控的基础上进行延伸，同时明确环境管控空间的范围与边界。二是国内外在生态学、景观生态学等方面的城乡生态系统空间解析的技术方法已经相对成熟，但在环境领域，大气、水等要素区域空间差异的解析方法与技术框架尚未建立，这也是环境要求难以落实的关键原因之一。因此，环境总体规划应探索建立环境空间解析与环境空间管理的技术框架。

（2）资源环境约束底线的科学确定

城市可持续发展要求城市经济社会活动控制在资源环境开发利用的极限内，环境总体规划应积极探索资源环境的底线约束。具体围绕以下两个问题展开：一是当前关于环境容量技术方法如何转换为规划应用的手段尚不明确，环境总体规划应积极探索将环境容量转化为可实现管理手段的方式方法，建立环境容量基础理论与社会经济发展的关联关系。二是在技术研究层面，环境容量、资源承载力与环境质量之间的传输响应关系尚不明确，环境容量的时空动态性特征导致其与环境质量脱钩，环境总体规划应在相关技术方法上进行探索研究。

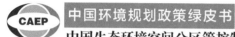

（3）技术方法向环境规划语言的合理转变

随着我国城镇化、工业化的快速推进，城市生态环境服务功能不断下降，城市环境品质不断恶化。从科学研究的角度上看，很多问题的解决都已有充分的理论依据和严格的技术方法做支持。但在具体的城市环境中，对于模型参数的合理确定、城市发展标准和情景的合理模拟等问题均难以统一。规划实践不同于技术研究，是一种具有应用性质的科学决策，所以在规划中要合理把握尺度。而如何将严谨的科学情景转变成可为现实城市服务，符合科学精神且更切实可行的生态环境保护要求，仍需要进一步的技术方法探索和理论应用实践。

2.4.7 总体思路

结合以上分析以及环境规划院的研究与思考，笔者认为城市环境总体规划要树立空间管控思维；要强化底线思维；要对城市环境功能有科学定位；要从环境系统出发，合理约束人的行为，协调人与环境的关系。具体包括：

（1）城市环境总体规划要从大尺度、长周期的视野中，科学确定环境功能定位，识别其环境胁迫的程度，做出维护并持续改善环境功能的统筹安排

城市环境总体规划的核心目标是维护并不断改善城市环境功能。城市环境的功能定位一方面取决于城市人民对于良好生态环境质量的需求与期待，并且与城市发展所处阶段密切相关；另一方面取决于其在大尺度区域、自然地域单元和环境系统格局中的地位。因此，城市环境总体规划，首先要从大尺度区域、长周期的发展历程中，合理地对城市环境功能进行定位。同时，为了维护和不断改善城市环境功能，要充分分析城市环境系统所面临的胁迫和挑战，并从维护城市生态环境系

统健康、改善城市环境服务功能的角度出发，统筹设计调控城市空间格局、优化资源环境利用、改善环境质量、提高环境服务水平等基本任务。

（2）从城市规划发展历程和城市环境保护实践方面出发，城市环境总体规划必须强调空间，同时解决格局性的环境问题

城市环境问题产生的根源之一在于城市开发强度过大。开发格局未能充分考虑生态环境和资源承载力，这会导致城市结构性、布局性、格局性污染严重。我国目前的环境规划缺乏前置性、先导性的管控、规制和措施，使得环境保护工作往往处于末端和被动局面。可以认为，目前环境质量改善乏力，并越来越依赖或者受制于空间规划。在这种情况下，城市环境总体规划必须强调空间，同时解决格局性污染问题，而一般性污染防治任务可由其下位的控制性详细环境规划解决。

（3）城市环境总体规划要从水、大气、生态等多要素出发，划定环境的空间红线，解决分级管控的问题

城市环境总体规划以空间管控为核心思路，规划过程和结论注重空间表达。在具体实施过程中，应以分析城市水、大气、生态多要素系统在空间结构、过程和功能方面的特性为主线。通过环境空间解析，明确"生态红线""风险防线"，提出明确、落地的空间环境管控方案。只有有了生态红线空间分级管控方案，才能为城市总体规划、土地规划、产业规划提供空间衔接的指引。

（4）城市环境总体规划要从环境系统与人体健康维护的思想出发，明确城市资源环境开发利用的"顶板"与"底板"，寻找经济发展与环境维护的平衡点

城市环境总体规划坚持底线思维，城市良性发展的前提是人类与经济活动控制在资源环境可承受范围之内。因此，城市环境总体规划应以

资源环境承载力和约束条件分析为基础，分析基于资源承载力与环境容量的城市发展阈值和人体基本健康维护的环境质量要求，通过明确"资源底线""排放上线""质量基线"，确定城市资源开发、污染物排放控制与环境质量维护的基本值，合理引导人口聚集、空间开发、产业结构调整等人类活动，改善城市环境质量。

（5）城市环境总体规划要从技术方法突破和管理保障方面出发，确立环境总体规划的总体性、基础性地位

城市环境总体规划是总体性、基础性规划，主要解决影响城市发展底层的、格局性的、战略性的重大环境问题。城市环境总体规划针对的重大环境问题，不仅有空间地理层面的"环境—空间冲突"问题，还包括与之相对应的政策层、制度层的冲突问题。要想解决空间地理层面的"环境—空间冲突"问题，既要注重由环境空间规划技术方法得出空间管制方案的突破创新，也要注意提出确保方案落地的保障措施。确立环境总体规划的总体性、基础性地位，也要注重落实规划地位，同时明确规划自身实施路径及其在城市规划体系中的地位。

2.4.8 主要任务

围绕上述环境总体规划的总体思路，设置 11 项主要任务：

（1）开展城市环境背景研究，开展生态环境基础、形势研究与多城市比较分析，识别城市环境经济优势与重大环境挑战

基于城市自然生态、社会经济、历史文化、行政变革等基础情况，分析城市发展的自然、历史、文化特征。调查分析城市地形地貌、生态环境本底、人口密度、资源/能源利用方式和结构、经济产业结构和布局的基础情况；调查分析城市环境质量、污染物排放总量和排污分配结构、企业环境风险状况及城市区域环境风险分布状况、环境基础设施、城市

环境管理制度和环境规划制定与实施情况、环境保护能力建设的基础情况。对以上基础情况进行相关性分析，总结城市环境问题产生的自然和人为原因，开展环境背景研究。

环境问题伴随着经济社会发展而生。城市环境问题是城市发展中的环境问题。城市环境问题的根源需要将环境问题置于城镇化、工业化的背景中去剖析。根据规划期内城市社会经济发展情况，工业化、城镇化发展形势，预测主要资源/能源消耗情况、主要污染物排放量及其排放分配格局和区域环境风险变化情况，分析由此带来的环境污染、生态破坏和环境风险等问题。

（2）明确城市环境功能定位，确立环境保护总体战略并对其进行战略分区

从国家、区域、流域等空间尺度，分析城市在更大空间范围内所承担的环境功能。开展城市与其他相关城市的环境经济竞争力比较分析，根据城市自然地理、生态环境基础和资源条件，提出城市环境功能定位；结合城市发展战略，确立城市环境战略定位；根据城市区域差异特征与战略目标，划分城市环境保护战略区，制定分区保护总体战略。

（3）开展区域生态系统重要性、敏感性、脆弱性评价，划定生态保护红线

目前，城镇化建设仍在快速推进，城市生态空间及生态功能维护的压力加大，我们亟须对重点生态功能区、生态环境敏感区与脆弱区实施严格保护。

一是开展区域生态系统解析。根据生态学理论方法，利用数字高程模型（DEM）、遥感影像等技术，收集土地利用情况、生物多样性分布及海洋、河流水系情况等基础数据，开展区域生态系统敏感性、重要性与脆弱性评估。

二是建立生态保护清单。系统梳理城市中被明确规定的生态保护区域，包括自然保护区、森林公园、湿地保护区、风景名胜区、海洋保护区、饮用水水源保护区、市区公园、历史文化保护区、生产绿地等绿色空间，建立城市生态保护清单，提出系统化、网络化的生态空间保护方案。

三是划定生态保护红线，实施分级管理。基于城市生态系统敏感性、重要性、脆弱性评估，结合大气、水、生态分级管控方案与法定保护区，构建城市生态保护红线体系，划定涵盖大气、水、生态环境的生态保护红线，制定生态保护红线任务清单，实施分级管理。

（4）开展环境系统解析，建立环境空间管控体系

从维护城市生态环境安全与健康的角度而言，影响城市生态环境安全与健康的环境要素及领域都应纳入城市环境空间管控体系。同时，考虑到各要素和领域在结构、过程和功能、传输等方面对其影响机理的不同，生态红线应实施分领域、分要素管理。因此，城市生态红线体系应根据市域范围内生态、水、大气等环境系统自身的结构、过程与功能特征，分析各系统的敏感性、脆弱性和重要性差异，建立分要素的环境空间管控体系。

一是建立区域大气环境系统解析与分级管控方案。利用气象和环境空气质量模拟模型技术，开展城市和区域尺度大气环境系统模拟，识别大气环境的重要区、敏感区和脆弱区，制订大气环境分级管控方案。

二是建立区域水环境系统解析与分级管控方案。结合区域地形及行政区和水系统特征，划分水环境控制单元，开展水环境系统重要性、敏感性和脆弱性评估，制订水环境分级管控方案。

（5）开展环境资源承载力评价、调控与可持续利用研究，提高环境资源承载力

城市资源环境承载力的底线是城市发展的"天花板"之一。《中共

中央关于全面深化改革若干重大问题的决定》等文件中也提出建立资源环境承载力监测预警机制，对水土资源、环境容量和海洋资源超载区域实行限制性措施。城市环境总体规划将针对土地、水等自然资源，研究基于生态环境安全的资源开发合理阈值，明晰大气、水环境容量区域格局，分析评估区域环境容量使用情况与环境容量空间分布特征的差异程度，建立与环境容量约束相匹配的经济社会发展格局。

一是开展资源环境承载力评估。结合未来城市社会经济发展形势，分析城市适宜的人口、经济发展的资源需求，对城市水、土地、能源、矿产等资源的承载条件进行评估。以资源环境承载力评估为基础，从空间生产力的角度研究区域产业布局并做调整，使生产力的空间组织更加合理。这样能够有效地降低资源消耗，节约生产成本，提高经济效益，形成有限空间内更大的生产力和发展潜力。

二是开展环境容量评估。分别开展城市水、海洋、大气环境容量测算，评估当前城市环境容量使用与环境容量资源的空间分布情况。结合未来社会发展形势，分析不同情景下城市环境容量的利用情况，分阶段提出利用限值要求。

三是提出城市建设与经济发展优化调整建议。综合分析城市资源环境约束条件，基于城市资源条件、环境容量和规划期内社会经济发展特征，提出自然资源开发强度、资源消耗和污染物排放总量控制指导意见，合理调控城市人口、经济发展规模。

（6）制定中长期环境质量改善战略

立足于生态城市、美丽城市、现代城市建设要求，制定中长期环境质量改善与生态系统恢复战略目标与战略路线图。研究城市在大范围空间尺度上的大气环境区域特征与两者间的相互影响，分析城市大气环境的主要影响因素。从能源结构调整、重点行业整治、交通排放源管控等方面，研究制定大气环境质量改善战略。

分析城市水环境系统特征，综合考虑水污染控制、水环境保护、水生态维护、地下水环境风险防范等，制定水环境质量改善战略。

结合生态保护红线区域、重要生态功能区域、重要生态系统维护，制定生态系统恢复与生态功能维护提升战略。

建立健全土壤监测体系，筛选重点工业用地、主要农用地等地块，进行土壤环境质量评估，提出土壤环境质量改善方案。

（7）提高城市环境公共服务水平

根据城市中长期城镇化、工业化和人口集聚趋势，考虑公众需求和环境基础设施建设、运行的需求，统筹城市环境质量保障，一方面要重点从目标、要求、能力、机制、政策等方面，提出环境公共服务水平提升方案；另一方面要重点从分阶段的环境质量建设、区域统筹的环境基础设施建设、全覆盖的环境能力建设以及公共参与体系建设等方面，设计环境基本公共服务体系。

（8）强化环境风险防范

一是识别环境风险与形势。调查区域内大气、地表水体、地下水及土壤等环境要素中主要污染物类型、暴露水平及分布格局；针对城市区域产业空间布局进行调查，特别是对石化、装备制造等涉及重金属及挥发性有机物排放行业的产业规模、工艺流程及排污状况进行排查，识别出需要重点防控的污染物类型和重点区域。结合城市未来5～15年内经济社会发展的趋势和特点，从工业布局、自然禀赋、社会背景等方面入手，整体判断未来环境风险防控形势。

二是明确环境风险警戒线。筛选主要环境风险源，分析风险传递路径及特征，预测风险范围和影响程度，设定控制目标和资源环境承载力指标。针对过境通道、内河及近海运输航道、化工园区、涉重企业集中区等环境风险因素，严格落实区域内管控措施。

三是构建环境风险全过程防控、管理体系。以预防为主、防治结合为指导思想，研究建立全过程的环境风险监控、预警、应急、处置等防控体系；针对涉重金属行业、化工行业等重点行业企业与工业园区、高度环境污染风险区域，提出环境风险全过程管理体系建设的要求。

（9）制定重点区域、重点领域环境规划指引及环境负面清单

重点区域环境规划指引：按照重点抓"好坏两头"的原则，识别重点区域，针对重要人口聚集区、重要产业聚集区、环境风险高或者环境治理任务繁重区域、重要生态功能区，制定分区环境规划指引。提出各区域环境功能定位、控制性规划指标、生态保护红线控制落实方案，实施环境规划指引和环境经济协调发展指引等。

对于重点领域评估与环境负面清单建立：根据区域自然禀赋和生态环境保护要求，选取单位面积（或单位产值）的水耗、能耗、污染物排放量及环境风险等一项或多项指标，筛选城市重点工业或行业领域，评估其对区域资源环境的影响及对经济社会的贡献能力。进一步结合区域环境保护目标和要求、资源环境承载力、产业现状等情况，建立行业环境准入要求与负面清单。

（10）创新和完善规划管理协调机制、实施机制

一是建立环境空间管控的管理体系。以环境空间管控为基础平台，整合环境准入、环境影响评价、污染物总量控制、资源环境承载力监测预警、生态补偿等环境管理政策或机制，建立包含城市环境精细化管理、有利于城市环境管理空间落地、与相关环境政策配套落实的环境管理体系。

二是开展跨界问题研究，提出市辖区与县级市之间、城市与周边城市之间的跨界协调机制。

三是完善环境总体规划实施机制。提出环境总体规划的审批、实施、评估、考核机制，制定规划的定期评估修编制度、备案制度和实施保障机制。

（11）搭建环境总体规划信息化管理平台

首先，搭建环境总体规划空间地理信息平台。探索提高环境空间分级管控技术水平的手段，实现环境保护要求的空间落地。在基础地图数据、空间数据库等方面充分衔接相关规划，建立统一的信息化数据平台。

其次，建立环境总体规划可视化信息管理平台。在搭建地理信息平台的基础上，使环境总体规划的生态保护红线、环境质量底线（包含水环境质量与大气环境质量）和资源利用上线（包含水环境承载力、大气环境承载力、土地资源承载力、水资源承载力）"三线"分级的空间调控信息，实现数字化管理与应用。

2.4.9 规划主线

环境总体规划在工业化、城镇化发展的背景下，在国家、区域、流域的空间尺度上去考虑，分析区域和城市中长期环境经济形势，识别区域和城市内需要维护的生态环境功能；开展大气、水、生态环境的系统解析，识别大气、水、生态环境的高敏感、高功能、高重要区域；开展大气、水、土壤等资源环境的承载力评估；重点从空间、承载力两个角度明确生态环境保护的底线要求，提出构建以"生态保护红线、环境管控底线、环境承载上线、环境质量基线、环境风险防线"为基础的"五线战略"管控体系，建立可以引导经济发展的环境规划体系（图 2-4）。

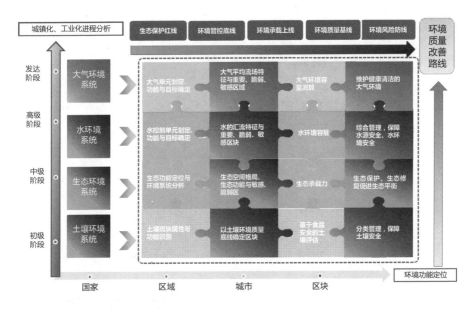

图 2-4　城市环境总体规划编制主线

生态保护红线在传统生态保护红线划定的基础上，整合、识别尚需要加强生态保护的各类区域，作为生态保护的次重要区域纳入，实施分级管理。该类区域原则上按照限制开发区的要求进行管理。

环境管控底线是以环境各要素自身的客观规律性为准则，遵循区域内水、大气、土壤等环境要素系统在空间结构、过程和功能方面的特性，对水、大气环境处于"上风、上水"的区域进行优先保护，留出城市通风廊道、清水通道，对水、大气生态较脆弱的"窝风聚气"等区域进行重点治理，为优化城市开发建设、产业空间布局等活动提供科学合理的环境空间指引（图 2-5）。

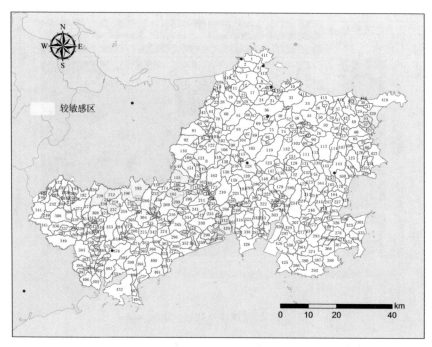

图 2-5 威海市水环境敏感性评价

环境承载上线是立足于以资源环境承载力来优化城市经济发展规模和城市经济结构的目的，系统分析城市水资源、土地资源承载力和水环境、大气环境容量，确定水资源开发利用总量、污染物排放总量等指标的最大阈值，以此对城市人口、经济发展规模和资源开发强度进行合理的管控；同时，基于资源环境承载力的空间分异规律，为调控城市经济、产业发展布局和城市经济、产业结构提供基本依据。

环境质量基线以维护城市环境功能与环境质量健康为目的，确定支撑新型城镇化建设的城市大气环境、水环境、土壤环境质量基线，使城市具有干净的空气、清洁的河流、安全的饮用水与土壤。环境质量基线的确立可以维护人体健康和生态平衡，为新型城镇化建设与城市健康发展提供生态环境方面的基础支撑。

环境风险防线是以保护人及敏感环境受体的环境安全为出发点，以保障饮用水安全、防范重大环境污染事故为重点，识别城市建设与产业发展的环境风险，排查区域内现有及潜在风险源，辨析各风险源环境影响与污染物传输模式，切断污染物传输的通道，建立以主动防控为主的环境风险防控体系。图 2-6 为福州市城市环境风险分级管控。

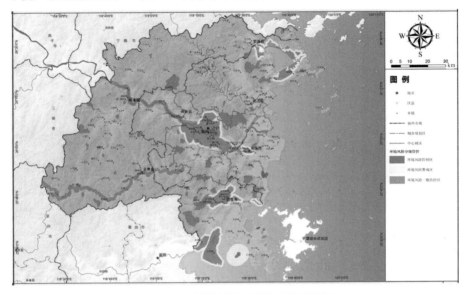

图 2-6　福州市城市环境风险分级管控

城市环境总体规划将"五线"管控要求集成，并转化为中长期环境质量改善任务路线图（图 2-7）。此外，城市环境总体规划还强调中长期环境与经济形势的分析工作，以城市建设、经济社会发展与环境保护的关系为主线，识别城镇化与工业化发展过程中的战略性、格局性环境问题，确定城市在区域、流域，乃至国家范围内所承担的环境功能定位，明确环境战略分区，制定环境战略分区指引，提出各战略分区的管控规划。

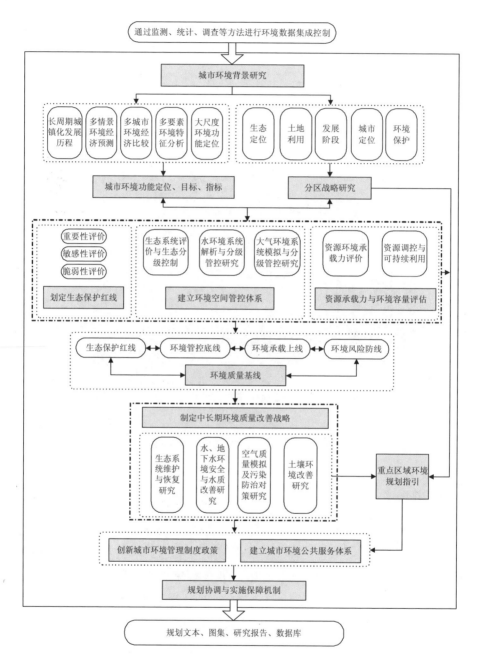

图 2-7　城市环境总体规划以"五线战略"为主体的技术路线

2.4.10 实施应用

目前，宜昌、厦门、福州、威海、广州、贵阳 6 个城市的环境总体规划已经通过各市人民代表大会常务委员会审议后由各市人民政府印发实施，并确定其为本辖区协调经济发展与环境保护的基础性文件之一，规划确定的约束性指标及生态环境空间管控体系等内容，将作为城市环境保护的基础，其他相关规划、资源开发和项目建设活动，应充分遵循本规划要求。

为进一步推动城市环境总体规划落地，宜昌、青岛等地在城市环境总体规划的基础上，通过积极探索创新，开展了一大批区县环境分区规划、详细控制规划的探索与实践，"城市环境总体规划—区县环境分区规划—地块环境详细控制性规划"的三级城市环境总体规划体系初步构建。

青岛市城市环境分区规划在《青岛市城市环境总体规划（2016—2030 年）》的基础上，对城市环境总体规划提出的分区边界、管控要点、治理要求等进行进一步细化，涵盖了大气环境分区规划、水环境分区规划、生态环境分区规划、土壤环境分区规划等板块。其中，大气环境分区规划，主要是落实大气环境管控分区和确定通风廊道边界，细化大气环境的空间管控分区要求，针对重点工业园区、机场周边、港口码头等大气环境关键风险源和敏感目标集聚区域，提出城市建设、工业布局和污染物排放总量限值等具体要求；水环境分区规划，通过细化水环境管控区和确定清水通道边界，落实水环境质量改善目标，明确各水系、乡镇和控制单元的水污染物总量控制、空间准入约束、水质分阶段目标、环境风险控制距离等水环境综合管控要求。

2015 年《宜昌市环境总体规划（2013—2030 年）》由宜昌市人民政

府下发并组织实施。2017 年 1 月，宜昌市人民政府下发了《关于开展环境控制性详细规划编制及生态保护红线勘界工作的通知》，要求宜昌市各区县开展环境控制性详细规划编制工作，同时发布了环境控制性详细规划编制技术指南。环境控制性详细规划以规划区域生态环境功能和环境质量分区管控、资源利用水平和环境承载力控制、环境风险防控、重点区域环境规划重点任务等为主要内容，针对不同生态环境要素分区，应用指标量化、条文规定、图则标定等方式对各控制要素进行定性、定量、定位和定界的控制和引导。

专栏 2-4　宜昌市环境控制性详细规划与宜昌市环境总体规划的关系

宜昌市环境控制性详细规划，主要是在宜昌市环境总体规划的成果基础上，对分区边界进行了重新核定，对各分区及分区管控要求进一步定量、细化。

1. 边界核定（以大气环境受体敏感区为例）

宜昌市环境总体规划根据受体重要性评价，将人口聚集区等划分为受体重要区，纳入大气环境质量红线区。由于规划编制阶段基础数据较为欠缺，同时受城乡规划更新等因素的影响，所以区划边界不够准确。宜昌市各区县环境控制性详细规划以 1∶10 000 国土基础信息地图数据为基础，同时依据中心城区土地利用规划、乡镇总体规划、村庄规划中已确定的成片居住、文教、商贸用地的范围，核定中心城区受体重要区的边界。

2. 分区细化（以生态环境分区为例）

以宜昌市环境总体规划确定的生态环境分区为基础，利用各类规划基础数据特别是发展改革委、经济和信息化、自然资源和规划、生态环境、林业和园林、水利和湖泊、农业农村、应急管理等部门的规划数据进行校核，结合社会经济发展需求及生态环境管理实际，进一步细化生态环境分区。

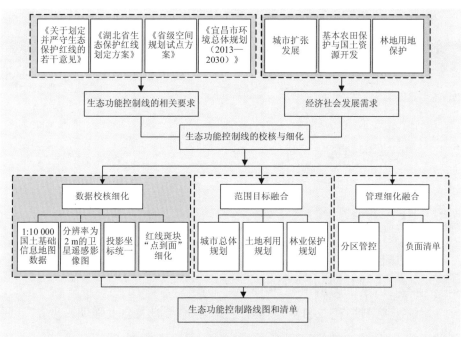

图 2-8　生态环境功能分区管控技术路线

依据图 2-8 对生态环境功能分区进行细化与地块边界优化调整。宜昌市中心城市控制性详细规划对宜昌市环境总体规划中涉及的52个中心城区生态功能控制区地块进行细化，对评估后确定为同类型的地块进行合并，不同类型的地块进行拆分，补充新增类型 23 个，细化后的生态功能分区共 73 个。

3. 管控制度细化（以水环境质量红线区为例）

宜昌市环境总体规划对水环境质量红线提出了概括性要求以及主要的管控方向。宜昌市各区县环境控制性详细规划在宜昌市环境总体规划提出的主要管控要求的基础上进一步细化，提出水环境质量红线区排放标准、总量控制、农业与畜禽养殖、采矿要求、项目建设等管控要求，且对管控要求尽可能量化评估。

从宜昌等城市规划实施的效果来看，城市环境总体规划作为城市经济产业发展与城市开发建设，推动城市中长期生态环境保护的重要依据，对引导城市空间布局优化、维护生态环境质量起到积极的促进作用。

2.5 "三线一单"

2.5.1 工作背景

（1）编制"三线一单"，是积极落实党中央关于生态文明建设与生态环境保护决策部署的重要举措

习近平总书记在 2018 年全国生态环境保护大会上强调，要加快划分并严守生态保护红线、环境质量底线、资源利用上线三条红线。中共中央、国务院《关于加快推进生态文明建设的意见》（中发〔2015〕12号）指出，树立底线思维，设定并严守资源利用上线、环境质量底线、生态保护红线，将各类开发活动限制在资源环境承载力之内。《中共中央 国务院关于全面加强生态环境保护 坚决打好污染防治攻坚战的意见》（中发〔2018〕17 号）提出，各省级党委和政府加快确定生态保护红线、环境质量底线、资源利用上线，制定生态环境准入清单。《国务院关于印发打赢蓝天保卫战三年行动计划的通知》（国发〔2018〕22 号）要求，各地完成生态保护红线、环境质量底线、资源利用上线、环境准入清单编制工作。

（2）编制"三线一单"，是树立生态环境"规矩观"，推动高质量环境保护的重要手段

编制"三线一单"，是站在保护的角度看发展，在保护中发展，在

发展中保护；是推动形成环境合理、生态适宜的产业规模和生产力布局，促进形成生态空间山清水秀、生产空间集约高效、生活空间宜居适度的国土空间开发格局的重要手段。

（3）编制"三线一单"，是强化源头预防、底线思维，解决突出生态环境问题的迫切需求

生态环境问题，归根结底，就是资源过度利用、空间无序开发导致的生态功能退化和环境质量恶化。编制"三线一单"，可以强化生态环境保护的底线思维和空间管控力度。所以要加快确立生态、环境、资源"三大红线"，并依托"三大红线"建立生态环境分区分类管控体系，制定生态环境准入清单。其中，构建生态环境分区管控体系，可以将哪些能干、哪些不能干的生态环境保护底线要求系统化地立在前面，是我们以生态环境空间分区解决生态环境突出问题，引导构建绿色发展格局，推动高质量发展的重要平台。

2.5.2 概念内涵

"三线一单"（即生态保护红线、环境质量底线、资源利用上线、生态环境准入清单）以改善环境质量为核心，以生态保护红线、环境质量底线、资源利用上线为基础，将行政区域划分为若干环境管控单元，在"一张图"上落实生态保护、环境质量目标管理、资源利用管控要求，按照环境管控单元编制生态环境准入清单，形成一套系统性、精细化、空间可落地的环境质量管控要求，构建生态环境分区管控体系（图 2-9）。

71

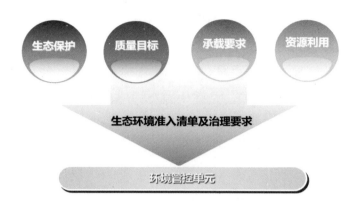

图 2-9　"三线一单"生态环境"一张图"管控思路

"三线一单"编制成果具有以下主要作用：一是系统构建源头预防、空间管控、底线约束、质量核心的环境预防管理体系，把环境底线约束、空间引导的要求立在前。二是破解我国环境管理粗放、空间不落地、相互不关联的难题，构建系统化、精细化的环境管理平台。三是从生态环境系统自身的规律、承载力和功能出发，确立区域生态环境约束条件，为战略环评、规划环评、项目环评提供依据。四是系统整合环境保护、源头控制各项措施，强化"空间—承载—质量"内在联系和系统管理，进行生态环境"整装成套"的管理。五是通过区域环境影响评价系统参与综合决策的方式，提高环境规划与其他空间规划的协调性，并在此基础上，进一步编制专业性、针对性、精细化水平更高的环境保护专项规划，为区域高质量发展提供支撑。

2.5.3　编制原则

在"三线一单"及区域空间生态环境评价工作实施方案的编制、实施、管理过程中，应把握好以下原则：

（1）尊重科学，系统评估

在尊重自然规律的基础上，对区域空间生态环境的结构、功能、承载力、质量等进行系统评估，系统掌握区域空间生态、水、大气、土壤等各要素和生态环境保护、环境质量管理、污染物排放控制、资源开发利用等领域的基础状况，形成覆盖全域、属性完备的区域空间生态环境基础底图。

（2）坚守底线，空间管控

牢固树立底线意识，将生态保护红线、环境质量底线、资源利用上线的要求，落实到区域空间上，根据区域空间生态环境属性制定生态环境准入清单，形成以"三线一单"为核心的生态环境分区管控体系。

（3）全域覆盖，逐步完善

各省（区、市）全面开展区域空间生态环境评价，建立一套覆盖全域的"三线一单"管控体系。在空间精度和管控要求上先粗后细、粗细相宜、不断深化；在技术方法、实践模式和配套政策方面，大胆创新；在实践应用中不断完善。

（4）共建共享，动态管理

区域空间生态环境评价和"三线一单"成果要向社会公布共享。国家统一搭建成果数据共享系统，集成"三线一单"成果，实现国家与地方"三线一单"数据共享及动态管理；各地区将"三线一单"成果及信息系统与各部门共享，实现动态更新。

2.5.4 技术体系

"三线一单"工作于 2016 年年底到 2017 年年初，在济南、连云港、鄂尔多斯、承德 4 个城市开展编制试点工作的探索。在试点探索的基础上，环境保护部于 2017 年底印发了《"生态保护红线、环境质量底线、资源利用上线和环境准入负面清单"编制技术指南（试行）》等文件，基本确立了以"五个一套"为核心产出的"三线一单"分区管控技术体系。

"五个一套",即一套统一坐标系的、空间位置准确的、边界范围清晰的水/大气/土壤/生态环境空间基础数据库;一套符合自然环境规律、协调行政管理边界的水/大气/土壤/生态分区管控体系;一套落实到行政单元、各类管控分区等空间单元,包括环境质量底线目标、允许排放量控制、资源开发效率等内容的管理底线;一套以各类环境管控分区为重点,基于"三线"要求,包含空间布局约束、污染物排放管控、环境风险防控、资源开发效率等内容的生态环境准入清单;一套经系统化评价、整合产出的"三线一单"成果,集成到环境空间基础数据库而形成的"三线一单"生态环境分区管控集成应用平台(图 2-10)。

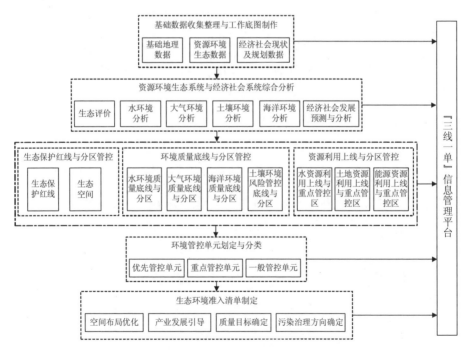

图 2-10　"三线一单"编制技术路线图

资料来源:《"生态保护红线、环境质量底线、资源利用上线和环境准入负面清单"编制技术指南(试行)》。

　　"三线一单"分区管控体系与环境总体规划空间管控体系在技术上一脉相承，是在环境总体规划提出"生态保护红线、环境管控底线、环境承载上线、环境质量基线、环境风险防线"的"五线战略"管控体系基础上的进一步完善与提升。

　　"三线一单"在延续环境总体规划分区管控思路的基础上，进一步优化了基础数据集成、环境质量底线目标确定、允许排放量核算、管控分区类型、资源利用管理等内容，将分区管控要求细化为各管控单元的生态环境准入清单，将环境总体规划提出的"五线战略"管控体系完善为"五个一套"（一套基础底图、一套管控分区、一套环境底线、一套管理要求、一套应用平台），进一步强化了环境管控要求的空间落地性与系统管理性，是对生态环境分区管控体系的提升与完善（图2-11）。

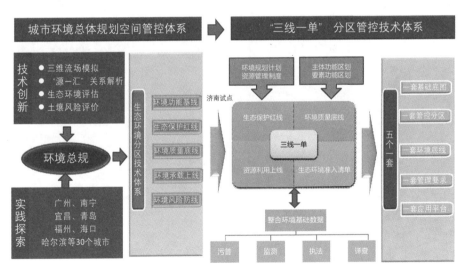

图2-11　城市环境总体规划与"三线一单"的传承关系

2.5.5 主要任务

（1）划分生态保护红线，识别生态空间

充分衔接并遵循目前现有的生态保护红线划分及管理的相关要求，对于已经划分生态保护红线的地区，要严格落实生态保护红线方案和管控要求；对于尚未划分生态保护红线的，按照环境保护部办公厅、国家发展改革委办公厅《关于印发〈生态保护红线划分指南〉的通知》和相关要求划分管理。同时，在生态保护红线之外，识别重要生态功能区、保护区和其他有必要实施保护的生态空间，并实施限制开发、分区管控措施。

（2）明确环境质量底线，实施环境分区管控

按照环境质量不断优化的基本原则，以改善环境质量为目标，衔接大气、水、土壤环境质量管理要求，确定分区域、分流域、分阶段的环境质量底线目标和要求（图 2-12）。以环境质量底线目标为约束，测算环境容量，评估环境质量改善潜力，综合确定区域大气、水环境污染物允许排放量和管控要求。通过解析大气、水环境结构、过程、功能上的空间差异性特征，开展土壤环境质量与风险评价。识别大气、水、土壤环境优先保护与重点管控区域，并实施分区管控。

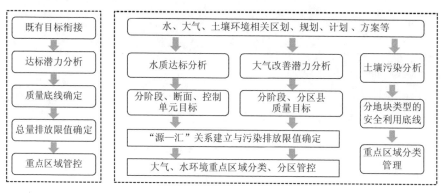

图 2-12 环境质量底线划分技术思路

（3）完善资源利用上线，提升自然资源开发利用效率

衔接国家发展改革委、自然资源部、水利部等部门对资源、能源实施"总量和强度双管控"的制度要求，以改善环境质量、保障生态功能为目标，重点针对涉及重要生态功能、断流、严重污染、水利水电梯级开发等河段，土壤污染风险较高，煤炭消耗量大，以及自然资源数量减少、质量下降等类型的区域；同时考虑生态安全、环境质量改善、环境风险管控等要求，完善水资源、土地资源开发利用和能源消耗总量、强度、效率等的要求（图 2-13）。

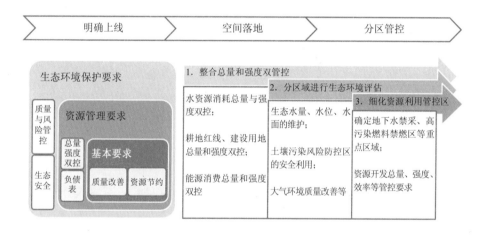

图 2-13 资源利用上线划分技术思路

（4）划分环境综合管控单元（表 2-6），实施环境综合管理

为了便于地方管理，以落实"三线"要求的生态保护红线、生态空间、水环境重点管控区、大气环境重点管控区、土壤污染风险重点防控区、自然资源重点管控区、地下水开采重点管控区、土地资源重点管控区、高污染燃料禁燃区等各类空间性边界与乡镇、区县边界相衔接，建立功能明确、边界清晰、网格化的环境综合管控单元，并实施分类管理。

表 2-6 环境管控单元分类

生态环境空间分区	管控单元分类		
	优先保护	重点管控	一般管控
生态空间分区	生态保护红线	—	其他区域
水环境管控分区	水环境优先保护区	水环境工业污染重点管控区	
		水环境城镇生活污染重点管控区	
		水环境农业污染重点管控区	
大气环境管控分区	大气环境优先保护区	大气环境高排放重点管控区	
		大气环境布局敏感重点管控区	
		大气环境弱扩散重点管控区	
		大气环境受体敏感重点管控区	
土壤污染风险管控分区	农用地优先保护区	农用地污染风险重点管控区	
		建设用地污染风险重点管控区	
自然资源管控分区	—	生态用水补给区	
		地下水开采重点管控区	
		土地资源重点管控区	
		高污染燃料禁燃区	
		自然资源重点管控区	

资料来源：《"生态保护红线、环境质量底线、资源利用上线和环境准入负面清单"编制技术指南（试行）》。

（5）落实"三线"要求，建立环境准入负面清单（表 2-7）

以各类环境管控单元为对象，将以"三大红线"为核心的环境管控要求，转化为空间布局约束、污染物排放管控、环境风险防控、资源开发效率等方面的管控要求，建立各环境管控单元的环境准入负面清单，明确禁止和限制的生态环境准入要求。

表 2-7 生态环境准入清单编制指引

管控类型	管控单元	编制指引
空间布局约束	生态保护红线	①严禁不符合主体功能定位的各类开发活动; ②严禁任意改变用途; ③已经侵占生态保护红线的,应建立退出机制、制定治理方案及时间表; ④结合地方实际,编制生态保护红线正面清单
	其他生态空间	①避免开发建设活动损害其生态服务功能和生态产品质量; ②已经侵占生态空间的,应建立退出机制、制定治理方案及时间表
	水环境优先保护区	①避免开发建设活动对水资源、水环境、水生态造成损害; ②保证河湖滨岸的连通性,不得建设破坏植被缓冲带的项目; ③已经损害保护功能的,应建立退出机制、制定治理方案及时间表
	大气环境优先保护区	①应在负面清单中明确禁止新建、改建、扩建排放大气污染物的工业企业; ②制定大气污染物排放工业企业退出方案及时间表
	农用地优先保护区	①严格控制新建有色金属冶炼、石油加工、化工、焦化、电镀、制革等具有有毒有害物质排放的行业企业; ②应划分缓冲区域,禁止新增排放重金属和多环芳烃、石油烃等有机污染物的开发建设活动; ③现有相关行业企业加快提标升级改造步伐,并应建立退出机制、制定治理方案及时间表
污染物排放管控	水环境工业污染重点管控区;水环境城镇生活污染重点管控区	①应明确区域及重点行业的水污染物允许排放量。 ②对于水环境质量不达标的管控单元,应提出现有源水污染物排放削减计划和水环境容量增容方案;应对涉及水污染物排放的新建、改建、扩建项目提出倍量削减要求;应基于水质目标,提出废水循环利用和加严的水污染物排放控制要求。 ③对于未完成区域环境质量改善目标要求的管控单元,应提出暂停审批涉水污染物排放的建设项目等环境管理特别措施
	水环境农业污染重点管控区	①应科学划分畜禽、水产养殖禁养区的范围,明确禁养区内畜禽、水产养殖退出机制; ②应对新建、改建、扩建规模化畜禽养殖场(小区)提出雨污分流、粪便污水资源化利用等限制性准入条件; ③对于水环境质量不达标的管控区,应提出农业面源整治要求

管控类型	管控单元	编制指引
污染物排放管控	大气环境布局敏感重点管控区；大气环境弱扩散重点管控区；大气环境受体敏感重点管控区	①应明确区域大气污染物允许排放量及主要污染物排放强度，严格控制涉及大气污染物排放的工业项目准入； ②提出区域大气污染物削减要求
	大气环境高排放重点管控区	①应明确区域及重点行业的大气污染物允许排放量。 ②对于大气环境质量不达标的管控单元，应结合源清单提出现有源大气污染物排放削减计划；应对涉及大气污染物排放的新建、改建、扩建项目提出倍量削减要求；应基于大气环境目标，提出加严的大气污染物排放控制要求。 ③对于未完成区域环境质量改善目标要求的管控单元，应提出暂停审批涉及大气污染物排放的建设项目环境准入等环境管理特别措施
环境风险防控	各优先保护单元；水环境工业污染重点管控区；水环境城镇生活污染重点管控区；大气环境受体敏感重点管控区	针对涉及易导致环境风险的有毒有害和易燃易爆物质的生产、使用、排放、贮运等新建、改/扩建项目：应明确提出禁止准入要求或限制性准入条件以及环境风险防控措施
	农用地污染风险重点管控区	①分类实施严格管控：对于严格管控类，应禁止种植食用农产品；对于安全利用类，应制定安全利用方案，包括种植结构与种植方式调整、种植替代、降低农产品超标风险。 ②对于工矿企业污染影响突出、不达标的牧草地，应提出畜牧生产的管控限制要求。 ③禁止建设向农用水体排放含有毒、有害废水的项目
	建设用地污染风险重点管控区	①应明确用途管理，防范人居环境风险； ②制定涉重金属、持久性有机物等有毒有害污染物工业企业的准入条件； ③污染地块经治理与修复，并符合相应规划用地土壤环境质量要求后，方可进入用地程序

管控类型	管控单元	编制指引
资源开发效率要求	生态用水补给区	①应明确管控区生态用水量（或水位、水面）； ②对于新增取水的建设项目，应提出单位产品或单位产值的水耗、用水效率、再生水利用率等限制性准入条件； ③对于取水总量已超过控制指标的地区，应提出禁止高耗水产业准入的要求
	地下水开采重点管控区	①应划分地下水禁止开采或者限制开采区，禁止新增取用地下水； ②应明确新建、改建、扩建项目单位产值水耗限值等用水效率水平； ③对于高耗水行业，应提出禁止准入要求，建立现有企业退出机制并制定治理方案及时间表
	高污染燃料禁燃区	①禁止新建、扩建采用非清洁燃料的项目和设施； ②已建成的采用高污染燃料的项目和设施，应制定改用天然气、电或者其他清洁能源的时间表
	自然资源重点管控区	①应明确提出对自然资源开发利用的管控要求，避免加剧自然资源资产数量减少、质量下降的开发建设行为； ②应建立已有开发建设活动的退出机制并制定治理方案及时间表

资料来源：《"生态保护红线、环境质量底线、资源利用上线和环境准入负面清单"编制技术指南（试行）》。

2.5.6 工作进展

"三线一单"工作自 2016 年年底至 2017 年年初启动后，生态环境部以全国"一张图"生态环境分区管控体系的构建为目标，使理论探索、技术完善、地方实践等工作快速推进，陆续出台了《"三线一单"编制技术要求（试行）》《"三线一单"成果数据规范（试行）》《"三线一单"图集编制技术规范（试行）》等规范性技术文件，以及《区域空间生态环境评价工作实施方案》《关于加快实施长江经济带 11 省（市）及青海省"三线一单"生态环境分区管控的指导意见》等管理性文件，使"三线一单"技术规范体系与管理制度框架体系基本构建完成。

按照生态环境部的要求，全国 31 个省（区、市）及新疆生产建设兵团陆续开展了"三线一单"编制工作。计划到 2025 年，将在国家和地方建立较为完善的"三线一单"技术体系、政策管理体系、数据共享系统和成果应用机制。

各省（区、市）高度重视"三线一单"落地应用和法治化建设的工作。截至 2020 年年底，已有 15 个省（市）完成了"三线一单"地方立法工作。其中，江西省将"三线一单"纳入《江西省生态文明建设促进条例》；湖北省将"三线一单"纳入《湖北省开发区条例》；山东、天津、贵州、甘肃、湖南、河北 6 个省（市）陆续将"三线一单"相关要求纳入省级生态环境保护条例；江苏、大连、吉林、陕西 4 个省（市）将"三线一单"相关要求分别纳入《江苏省水污染防治条例》《大连海洋环境保护条例》《吉林省辽河流域水环境保护条例》《陕西省煤炭石油天然气开发生态环境保护条例》；四川、山西、浙江 3 个省将"三线一单"要求写入《〈中华人民共和国环境影响评价法〉实施办法》，"三线一单"生态环境分区管控体系的法制化建设有序推进。

2.5.7 实施应用

"三线一单"主要是通过将生态保护、环境质量管理、环境风险防控的管控要求落实到不同环境管控单元，编制生态环境准入清单，实施分级、分类差别化管控，把经济活动、人的行为控制在自然资源和生态环境能够承受的限度内。

2019 年 11 月，生态环境部印发《关于加快实施长江经济带 11 省（市）及青海省"三线一单"生态环境分区管控的指导意见》，为"三线一单"成果实施应用路径提供了指引。

（1）围绕促进高质量发展做好支撑

"三线一单"确定的环境管控单元及生态环境准入清单是区域内资源开发、产业布局和结构调整、城乡建设、重大项目选址的重要依据，相关政策、规划、方案需说明与"三线一单"的符合性，在各地方立法、政策制定、规划编制、执法监管中不得变通突破、降低标准，对不符合、不衔接、不适应的情况于 2020 年年底前完成调整。

（2）围绕促进高水平保护做好保障

在"三线一单"生态环境分区管控的框架下，实现污染物排放和生态环境质量目标的联动管理，同时强化"三线一单"成果在生态、水、大气、土壤等要素环境管理中的应用。对于功能受损的优先保护单元，优先开展生态保护修复活动，恢复生态系统服务功能；对于重点管控单元要有针对性地加强污染物排放控制和环境风险防控，解决生态环境质量不达标、生态环境风险过高等问题。排污许可证及其他相关环境政策应落实以"三线一单"为核心的生态环境分区管控要求。

（3）支撑并衔接国土空间规划编制

强化"三线一单"生态环境分区管控体系对国家、省（区、市）、地级市、县（市、区）和乡镇不同层级国土空间规划、相关专项规划的引导作用。将落实到具体空间的生态、水、大气、近岸海域、土壤、资源利用红线、底线和上线要求，作为国土空间规划编制的基础。有条件的地方，可将"三线一单"生态环境分区管控要求落实到国土空间基础信息平台中。国土空间规划的环境影响评价工作，应重点关注与"三线一单"分区管控体系的协调性。

（4）围绕产业准入做好环保支撑

充分发挥"三线一单"成果在支撑产业准入负面清单编制及落地实施等方面的作用。将"三线一单"提出的区域、流域等的产业发展要求作为制定产业准入负面清单的基础；将具体管控单元在空间布局约束、污染物排放管控、环境风险防控、资源利用效率等方面的生态环境管控要求，作为推动产业准入负面清单在具体区域、园区和单元落地的支撑和细化标准。

（5）对规划环评和项目环评加强指导

规划环评工作要以落实生态保护红线、环境质量底线及资源利用上线为重点，在论证规划的环境合理性后提出优化调整建议，细化所在环境管控单元的管控要求。建设项目环评应论证其是否符合生态环境准入清单，对不符合的依法不予审批。

（6）对生态环境监管提供基础支撑

生态环境保护综合执法队伍或者其他负有生态环境保护职责的部门，应将"三线一单"作为监督开发建设和生产活动行为的重要依据。将"三线一单"确定的优先保护单元和重点管控单元作为生态环境监管的重点区域，将"三线一单"生态环境分区管控要求作为生态环境监管的重点内容。

2.5.8 典型案例

各省（区、市）在《关于加快实施长江经济带11省（市）及青海省"三线一单"生态环境分区管控的指导意见》等文件的基础上，结合地方生态环境管理实际，大胆创新，多方探索"三线一单"落地应用途径，取得了积极的成效。

（1）长江三角洲区域

长江三角洲区域"三线一单"科学精准构建分区分级实施体系，深化探索成果的智能应用，充分发挥"三线一单"在"优布局、控规模、调结构、促转型"中的作用，将长江三角洲打造成为国家区域协调发展和绿色发展的重要示范区、引领区。

一是以分区分级管控优化区域绿色发展格局。以维护生态功能和改善环境质量为核心，按照人类活动对生态环境影响程度和方式的差异，划分优先保护、重点管控、一般管控三类环境管控单元，分别占长江三角洲"三省一市"陆域面积的33.57%、16.95%和49.48%，分区分级管控明确减缓人类活动对生态环境差异性影响导致的差异化管控要求。在各省（区、市）总体要求的基础上，统筹重点区域（流域）发展战略及生态环境保护治理要求，江苏省要进一步明确长江流域、太湖流域、淮河流域和沿海地区差异化管控要求。安徽省要进一步明确沿江绿色生态廊道区、沿淮绿色生态廊道区、皖南山地生态屏障区、皖西大别山生态屏障区、环巢湖生态示范区差异化管控要求。浙江省按照片区主导功能，将重点管控单元进一步细分为产业集聚类重点管控单元和城镇生活类重点管控单元两类。其中，产业集聚类重点管控单元为现状区域或规划的产业聚集区，重点加强污染控制和风险；城镇生活类重点管控单元为现状或规划的以居住和商贸为主的、人口集聚较快的区域，重点优化空间布局，加强防控噪声、臭气异味等对居住环境造成影响的因子。

二是以精准管控促进区域产业结构升级。上海市以解决高度城镇化背景下的典型环境污染和环境风险问题为核心，聚焦产业园区、重要港区以及中心城区，分别按照产业园区"促产业升级、强污染控制、严风险防控"、港区"船舶绿色化、能源清洁化"、中心城区"优布局"的原则，精准施策，"一单元一策"，实现生态环境"个性化"精准管理。浙江省按照污染强度轻重和风险程度高低的差异，将所有工业项目分为3个类别，与"三线一单"优先保护单元、重点管控单元、一般管控单元有机配套，明确三类单元在新建、扩建、改建工业项目时的差异化准入要求，通过严管项目准入的空间"底线"，持续提升产业清洁化水平。

三是以智能应用提升区域生态环境综合管理水平。江苏省将"三线一单"信息管理平台与重点污染源"一企一档"、环评审批、排污许可、环境质量自动监测、移动执法等系统进行整合，统筹构建生态环境综合信息管理平台。同时，根据"三线一单"管控要求，在规划环评审查中综合论证规划的环境合理性，将管控要求深度嵌入相关规划中，统筹发挥"三线一单"宏观调控、战略引导和落地管控的作用。安徽省将"三线一单"信息管理平台纳入环境大数据综合应用平台，将"三线一单"管控要求与生态环境的日常管理工作结合起来，为生态环境综合管理提供支撑。浙江省在"三线一单"信息管理平台方面积极探索应用场景，创新开发了"产业布局分析""行业准入分析""项目准入分析"等模块，并将此平台纳入数字化转型重点项目中，即浙江省生态环境保护综合协同管理平台。未来，此平台还将与自然资源部、国家发展改革委、工业和信息化部等部门的信息管理平台相衔接。各有关部门、政府在相关规划编制、产业政策制定中均需将"三线一单"成果作为参考依据，进一步提升平台应用的广度和深度。

（2）浙江省

浙江省共划分三类陆域环境管控单元 2 507 个。其中，优先保护单元 1 063 个，面积占全省陆域国土总面积的 50.30%，主要为自然保护区、风景名胜区、饮用水水源保护区、国家级生态公益林等重要保护地，以及其他生态功能较重要的区域，采取以生态环境保护为主，依法禁止或限制大规模、高强度工业和城镇建设的管控措施。重点管控单元 1 117 个，面积占全省陆域国土总面积的 14.31%，分为产业集聚类重点管控单元（612 个）和城镇生活类重点管控单元（505 个）两类，对环境质量差、产业集聚、人口密集、资源开发强度高、污染物排放量大、污染排放强度高、大气污染传输扩散能力弱、水动力循环条件不利等的区域实施分区差异化、精细化管控，优化空间布局，提高污染物排放控制和环境风险防控水平，提升资源利用效率。优先保护单元和重点管控单元以外的其他区域划分为一般管控单元，共 327 个，面积占全省陆域国土总面积的 35.39%，需要落实生态环境保护的相关要求。

浙江省各地从产业准入、环评审批、规划决策等方面系统谋划成果落地应用机制，高效服务生态环境领域"放管服"改革，有力提升环境服务经济高质量发展的效能，使高质量发展与高水平保护相统一。

一是实施更有效的产业准入差别化分类管理，显著提升生态环境管控要求的针对性和可操作性，充分发挥"三线一单"在功能分区、产业布局、结构优化等方面的作用，做到该禁止的禁止，该限制的明确限制，可以开发的合理开发。

浙江省创新性地提出了指导项目环境准入的工业项目分类表，基于污染和环境风险强度，将工业项目由低到高精细分为一类（基本无污染和环境风险）、二类（污染和环境风险不高、污染物排放量不大）、三类（重污染、高环境风险、污染物排放量较大的项目）工业项目。对以上三类工业项目，分别在优先保护单元（生态保护红线区域除外，下同）、重点管控单元（含产业集聚类和城镇生活类两类）、一般管控单元内实施差别化准入。

其中，三类工业项目主要在产业集聚类重点管控单元内进行合理规划布局，新建项目排污水平要达到同行业国内先进水平，鼓励对现存三类工业项目进行淘汰和提升改造，位于重要水系源头区和重要生态功能区的要严格控制；新建、扩建项目禁止在优先保护单元和城镇生活类重点管控单元内实施，并依据整治要求或鼓励这两类单元内现存项目搬迁关闭。改建项目，在优先保护单元内要削减排污总量，在城镇生活类重点管控单元内不得增加排污总量。

二类工业新建项目在产业集聚类重点管控单元的，其排污水平要达到同行业国内先进水平；在优先保护单元、城镇生活类重点管控单元、一般管控单元的，不得涉及一类重金属、持久性有机污染物排放，新建范围仅限于工业功能区（包括小微园区、工业集聚点等）。此外，新建、扩建和改建项目，在优先保护单元和城镇生活类重点管控单元的，均不得增加单元排污总量；扩建和改建项目，在一般管控单元工业功能区以外的，也不得增加单元排污总量。

分区差别化准入还进一步明确了特殊类型二类工业项目准入规则。一二产业融合的加工类项目、利用当地资源的加工项目、与工程项目配套的临时性项目等确实难以集聚的二类工业项目，可以在一般管控单元工业功能区（包括小微园区、工业集聚点等）以外新建。

浙江省"三线一单"的分区差别化准入，打造了一套度量发展与保护的"绿色标尺"。在某个区域开展某类开发活动前，通过对照分析可以快速判断选址的可行性，而且可以快速明确污染物治理与排放、生态环境风险防控、资源环境利用要达到的水平和管控要求。广东、山东、天津等省（市）也反映，"放管服"要体现科学性、精准性、高效性，可以通过"三线一单"精细化指导项目环境准入，创新在源头预防环境污染、生态破坏方面的手段，构建政府和企业决策风险预防机制，筑牢"放管服"防线。在此基础上，要积极推动、继续深化"放管服"工作实践，进一步优化环境审批管理，强化事中和事后监管。

二是强化应用导向，积极探索应用场景，将"三线一单"的环境管控单元及管控要求在"一张图"的应用系统中进行落图和固化，为生态环境综合管理提供深入有力的信息化支撑，并进一步发挥"三线一单"对高质量发展宏观调控和战略引导的作用。

全国各地普遍意识到，编制和应用同样重要，两者相辅相成。通过编制"三线一单",将过去分散的、不明确的、难以落地的管控要求集成、落实到具体单元,为今后的高质量发展划"框子"、定规则、列清单。编制下一步的关键是要推进应用,要使"三线一单"实施应用在"一张图"上看得清、用得好,支撑生态环境综合管理。

全国各省(区、市)正在加快建设基于数据共享和"一张图"实施应用的"三线一单"数据应用管理系统,此系统不仅参与规划及项目环评的决策支持,还参与行业产业布局结构合理性分析、区域规划、环境治理综合决策支持。如浙江省应用系统包含"产业布局分析""行业准入分析""项目准入分析"等模块;广东省应用系统充分考虑生态环境部门内部机构及其他职能管理部门对"三线一单"成果数据的需求,在数字政务大平台下与已建或在建生态环境管理相关系统整合对接,并延伸开发智慧决策系统,统筹实现大数据应用和业务协同。

(3)贵州省

贵州省积极探索"三线一单"应用路径,坚持边编制边应用。目前,"三线一单"成果已为全省产业布局、产业准入、水利规划、国土空间规划等多项专题工作和重大项目环境准入的快速预判提供了有力的技术支撑。贵州省发展和改革委编制的《贵州省推动长江经济带发展负面清单实施细则(试行)》中充分吸纳"三线一单"成果中的生态环境准入清单;贵州省工业和信息化厅在组织开展"贵州省电镀行业布局研究"工作时充分衔接"三线一单"成果中对该行业的空间布局要求和污染物排放管控要求;《贵州省现代化工产业发展规划(2019—2025)》《贵州省磷化工产业发展规划(2019—2025 年)》《贵州省煤化工产业发展规划(2019—2025 年)》等也充分结合"三线一单"成果进行了优化和调整;《贵州省水利行业"三线一单"方案》工作就水环境质量底线和水资源利用上线及各项水利项目空间布局约束等与全省"三线一单"成果的协调一致性进行专题论证。赤水市在引进恒力集团的过程中使用"三线一单"成果对项目落地的环境可行性进行预判，明确了纺织项目不得新建燃煤火力发电站的具体要求。

2020年以来，为切实服务全省重大项目，贵州省生态环境厅积极与贵州省发展和改革委、工业和信息化厅、交通运输厅、水利厅、能源局等部门沟通协调，对全省1 540个重大项目建立了环境影响评价服务台账，主动跟踪服务，并对可能涉及生态保护红线的交通、水利、矿产等216个项目，运用"三线一单"成果，对项目矢量图进行了叠图分析，并将分析结果及时反馈给了贵州省水利厅、能源局和交通运输厅，通过"三线一单"进行精准核对，进一步明确管控要求并提出避让的合理化意见和建议，把项目建设可能存在的生态环境隐患解决在前端。

3

生态环境空间管控理论与技术创新

随着环境功能区划、生态功能区划、生态保护红线等一系列管理制度的相继探索实施，我国生态环境管控的理论与技术方法不断发展。尤其是近 10 年来，环境总体规划、"三线一单"等综合性生态环境管控体系快速推进，丰富了生态环境空间管控的基础理论，突破、创新了一大批生态环境空间管控技术，基本形成了一套"环境功能维护—环境资源承载调控—环境空间管控—环境质量改善—环境差异准入"的生态环境空间管控技术方法和规划框架体系。

3.1 生态环境管控基础理论创新

3.1.1 从规划到"反规划"

随着对生态环境客观规律的不断认识，我们逐渐意识到，生态环境各要素在质量、结构、功能等方面存在一定的空间差异性与客观规律性。

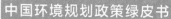
城市开发建设与经济产业发展，只有遵守生态环境固有的空间差异性特征，才能真正实现生态环境保护的"源头"治理，才能彻底解决我国快速城镇化、工业化进程中的生态环境问题，"反规划"理论便应运而生。

"反规划"不是反对规划，而是尊重生态环境的自然规律，是通过进行"留白"性规划，提前预留维护生态环境功能的空间与容量，引导城市建设和产业布局有序协调发展的物质空间规划路径。在"反规划"中，我们要尊重生态环境各要素在质量、结构、功能等方面的空间差异性，通过生态保护红线、优先保护区域、重点管控区域、允许排放量等内容，提前明确区域发展的生态环境保护限制性、引导性条件，实行生态环境空间管控，实施生态环境分区、分类管理，指导各区域按照生态环境要素的空间差异性特征合理开展经济建设活动与生态环境保护工作，同时引导城市开发建设与经济产业布局等活动有序进行。

3.1.2 从被动防控到主动管控

生态环境问题产生的根源之一，是由于城市开发建设与经济产业发展等一系列人类活动，违反或超过生态环境功能维护、结构属性、承载力等客观规律而产生的。然而，在过去很长的时间里，我国传统的环境保护规划以被动应对环境污染为主，重点以污染防治型、综合治理型规划为主，经济发展、城镇布局缺乏对生态环境空间格局的全面考虑和对资源环境承载力的充分尊重，环境质量改善往往"事倍功半"或达不到预期。

环境总体规划、"三线一单"探索以环境空间管控、环境承载调控为核心内容，将区域放置在国家工业化、城镇化发展的背景下，在国家、区域、流域的空间尺度下，分析区域中长期环境经济形势，识别需要维护的生态环境功能和大气、水、生态环境的高敏感、高功能、高重要区域，开展大气、水、生态的环境系统解析和资源环境的承载力评估，从质量、空间、承载等角度，形成环境质量底线、生态保护红线、资源利用上线、污染排放上线等环境保护底线性要求，建立环境系统引导经济发展的框架思路，变生态环境保护被动防控为融入经济产业发展进程中的主动管控。

3.1.3 从目标措施型管控到空间落地型管控

由于缺乏空间化、落地化的技术转化手段，我国传统生态环境保护规划主要以区域总体的目标指标管理及任务措施管理为主，在规划区内部没有实行差异化的规划与管理，相关目标指标和管控要求的空间落地较难。

但是环境总体规划、"三线一单"等工作逐步破解了以控制单元、土地斑块等空间载体为管理单元的环境质量管控难题。这些工作对区域水、大气、土壤环境系统进行系统解析，分析模拟各环境污染物的产汇流关系、传输扩散关系、污染物排放与环境质量的关系、开发强度与环境安全的关系等"源—汇"相互影响关系；并基于水环境控制单元、大气环境模拟网格、土壤地块等地域单元的功能差异与相互影响关系，将水、大气、土壤环境质量底线转化为包含不同区域空间环境质量目标、污染物排放总量限值、资源开发利用强度和环境治理手段的系统管控方案，将以往难以落地的目标指标与任务措施，转化为区域差异化规划的分区类型与管控要求，实现了从目标措施型管控到空间落地型管控的创新与转变。

3.1.4 从任务型管理到分区分级精细化管理

以往传统的生态环境保护规划、单要素环境功能区划大多为区域普适性的目标要求与管控任务,生态环境保护的分类化、精细化管理程度不足。生态环境空间管控工作在经过一系列探索实践后,将分区分级管理的思想应用到各环境要素中,实现了全域范围内生态、水、大气、土壤、海洋等环境要素的分区、分类、分级管理,推动了生态环境空间管控的精细化水平。

在生态环境空间管控方面,《关于划分并严守生态保护红线的若干意见》中提出了划分并严守生态保护红线,实现一条红线管控重要生态空间的要求。从各地实践来看,目前生态保护红线的面积比例可能远远小于生态空间的范围,所以在进行生态安全与生态功能维护时,还需注重生态空间的管控和维护,不仅要与当前生态保护红线划分技术和管理制度相衔接,生态环境空间管控还要重点加强生态空间的评价与识别,建立包括生态保护红线、重点生态功能区等在内的生态空间分级、分类管理机制。

在其他环境要素管控方面,如水环境管控方面,要结合水环境功能区划与水功能区划成果,将区域划分为水环境优先保护区、水环境工业重点管控区、水环境城镇生活污染重点管控区、水环境农业污染重点管控区和一般管控区;在大气环境管控方面,在环境空气功能一类区、二类区的基础上,将区域划分为大气环境优先保护区、大气环境重点管控区、大气污染扩散敏感区、大气污染集聚敏感区、大气环境受体敏感区、大气环境污染排放区和一般管控区;在土壤环境管控方面,按照土壤污染程度与管控目的,将区域划分为农用地优先保护区、农用地污染风险重点管控区、建设用地污染风险重点管控区和一般管控区。在上述分区的基础上，按照生态环境各要素管控目标与问题的不同，配套细化的管控方案，实现区域全要素、全覆盖、分级化的生态环境空间管控。

3.2 生态环境空间管控基础分析的创新

3.2.1 生态环境空间管控基础数据库构建

城市建设开发、经济产业发展与生态环境保护空间基础数据的丰富度、精准度、规范性决定了生态环境空间管控的精细化程度。因此，生态环境空间管控工作底图与空间管控基础数据库的构建，是生态环境空间管控需要突破的基础性工作之一。经过近10年的探索与完善，目前，生态环境空间管控基础数据库的构建，在精细化、规范性等方面，均可与国土空间规划进行直接对接，支撑生态环境在地块尺度上的管控工作。

同时，生态环境空间管控的工作底图以 2000 年国家大地坐标系为基础，可以在比例尺为 1：10 000 甚至 1：5 000 的底图基础上，将环境管理类数据、环境规划类数据、城市建设开发类数据、产业发展类数据、资源利用类数据等进行规范化、信息化处理，建立符号库，规范图层样式，利用数字化与空间关联技术，实现空间数据表达，建立空间信息属性相对完善的环境基础数据库，作为生态环境空间管控工作的基础，解决基础数据不准确、精度低、空间属性缺失等生态环境空间管控"底数不清"的问题。

其中，环境管理类数据包括环境质量监测数据、环境统计数据、污染源监测数据、污染源（工业源、农业源、生活源）分布数据、法定保护区、自然保护地等；环境规划类数据包括大气、水、海洋功能区划，

大气、水、土壤污染防治行动计划实施方案，生态保护红线方案，生态功能区划，环境保护和生态建设规划，战略环境影响评价、规划环境影响评价等；城市建设开发类数据包括城镇开发边界、"三区三线"、国土空间规划、矿产资源规划、重点产业发展规划、交通规划、产业园区规划等；产业发展类数据包括人口、区划、社会和经济产业发展等在内的国民经济和社会发展统计数据，以及各级工业园区、工业集聚区等数据；资源利用类数据包括土地利用、土地资源、林木资源、水文与水资源等资源的现状调查普查数据，以及功能区划和开发利用规划数据、图件等。

3.2.2 中长期生态环境经济形势分析

在生态环境规划领域，以往的生态形势分析领域较窄，主要是对各环境要素质量现状与问题的分析。生态环境空间管控逐步突破中长期生态环境形势的分析思路与分析技术，把计量分析、大数据分析、地理信息分析等相关领域的理论与技术方法作为借鉴，将分析时间段逐渐扩展到未来20～30年，分析领域逐步扩展到区域中长期发展历程分析、城镇化发展阶段识别、经济产业发展趋势判断、城市热岛效应的遥感反演、多地区环境经济效益对比分析等领域，以更长期、更战略性的视角，开展区域中长期环境经济形势分析，识别区域在未来城镇化、工业化发展背景下的生态环境保护重大战略性、格局性、空间性环境问题。

3.2.3 生态环境功能定位确定

城市作为国家、区域、流域系统的重要组成部分，在区域范围内承担着一定的生态环境功能。坚守、维护、改善、提升城市所承担的环境功能，是城市发展基础和环境保护的宗旨。城市在城镇化、工业化快速推进的过程中，不能损害城市重要的环境功能。维护区域生态环境功能并使其持续好转应是一切生态环境保护工作的出发点和最终归宿。同时，从城市环境经济协调发展的角度上讲，城市发展系统与环境保护系统应该是一个双轮驱动、双向制衡的关系。城市环境功能定位与城市发展功能定位应该成为城市发展的两个支点，协同支撑城市的健康发展。但以往生态环境管控仅从要素领域着眼，缺乏对区域生态环境功能定位的总体把握。

对生态环境空间管控的探索以开展生态环境功能定位研究为主，从国家、区域（省域、城市圈、边境经济合作区等）、流域等空间尺度，梳理研究区域在生态、水环境、大气环境等系统中所承担的环境功能，并分析环境发展历程与规划区发展历程，从区域人工和自然系统相互作用关系出发，分析区域、环境演变规律，预估未来区域环境功能和功能定位面临的挑战。同时，结合中长期生态环境形势分析的相关结论，从区域发展战略角度分析区域未来发展形势下的环境品质要求，综合确定的区域生态环境功能定位，作为生态环境管控支撑区域高质量发展的重要落脚点。

专栏 3-1　宜昌市城市环境功能定位

《宜昌市环境总体规划（2013—2030 年）》提出宜昌市"四区一库"的城市环境功能定位：

➢ 国家生态文明建设示范区：利用优势资源实施转型发展，实现中部崛起的典型城市，是国家级生态文明建设先行示范区。

➢ 国家重要珍稀濒危物种资源库：我国重要的珍稀濒危物和栖息地、资源库和避难所。

➤ 国家重要的水源涵养区：三峡库区重要的水源保护区、水源涵养区和水土保持区。

➤ 长江水环境调节区：维护长江流域中上游水环境安全、承担流域环境调节功能的首要节点城市。

➤ 鄂西生态屏障区：湖北省西部生态屏障的核心区，鄂西生态圈生态文明建设的龙头城市和支点城市。

3.2.4 生态环境战略分区确定

受自然地理条件与经济社会发展水平的影响，区域间生态环境空间异质性特征明显。因此，有必要从自然地理、生态区位、环境特征、环境梯度、生态功能、污染排放格局等多角度识别区域环境保护的差异性要求，划分环境战略分区，根据不同环境战略分区生态环境典型特征、社会经济发展趋势及主要挑战，制定分区引导的保护战略，实施生态环境分区指导。

环境规划院在城市环境总体规划、"三线一单"等工作的基础上，围绕生态环境状况、环境质量现状、资源环境压力、环境绩效水平等方面进行进一步的评估，构建了覆盖六大领域、50 余个具体指标的生态环境战略分区划分评估指标体系，综合划分以生态维护为主的生态环境优良区域、以城镇环境质量提升为主的城市中心城区、以工业污染防治为主的产业集聚区等不同类型的生态环境战略分区。

3.2.5 生态环境空间管控的地图表达

生态环境部根据地图学制图规范，在借鉴城市规划、水利规划等空间成果表达规范的基础上，创新一套成果制图规范，形成《"三线一单"图件制图规范（试行修订版）》。

《"三线一单"图件制图规范（试行修订版）》除界定了"三线一单"生态环境空间管控分区成果图件的空间参照系、地图投影、图示比例尺和行政界线、政府驻地、河流水系、交通要素等基础地理信息要素，以及注记（图例、图号等）、图幅配置等基础规定外，还重点对生态空间、环境质量底线、资源利用上线、环境管控单元等相关成果的空间化、地图标准化表达进行了探索性界定。

（1）生态空间图

采用分类表示的方式，区分为生态保护红线和一般生态空间，图层可根据图面整体效果设置 10%～30%的透明度，生态保护红线图层置于一般生态空间之上。

（2）水环境质量底线图

采用水环境控制单元底线目标来表达，图层可根据图面整体效果设置 10%～30%的透明度。监测断面至少显示省级及以上监测断面，表达图式需调整与水系垂直显示。控制单元的描边宽度需根据图面效果调整，制图区域宜显示主要河流水系。水环境质量底线图应叠加上以不同颜色（与对应水质类别的控制单元颜色一致）的监测断面所展示的水质现状。

（3）水环境污染物削减比例图

削减比例单位为%，数值保留整数，具体削减比例数值采用黑体白色描边的形式标注，字号自定。按照不同污染物分开表达，各地根据实际情况，对削减比例按照数值大小进行手动分级，分级间隔参照 10 级以上间隔标准。图层可根据图面整体效果设置 10%～30%的透明度，白色描边宽度应根据图面效果选定，制图区域宜显示主要河流水系。

（4）水环境分区管控图

需表达基础地理信息、注记和水环境分区管控区等要素，图层压盖从上至下的顺序是注记、行政界线、河流水系、水环境优先保护区、水环境重点管控区和水环境一般管控区等。

（5）大气环境质量底线图

单位为 $\mu g/m^3$，大气环境质量现状与大气环境质量底线主要表达各区县环境空气质量目标。以目标年 $PM_{2.5}$ 浓度值表示，并对 $PM_{2.5}$ 浓度值大小进行手动分级，分级间隔参照 6 级间隔标准，$PM_{2.5}$ 浓度值应在图纸上的居中位置标注。图层可根据图面整体效果设置 10%~30%的透明度。根据各地方需要，可参照大气环境质量底线图探索性地绘制环境空气质量等值线图等。

（6）大气环境污染物削减比例图

需表达基础地理信息、注记和大气环境污染物削减比例等要素，图层压盖从上至下的顺序是注记、行政界线、大气环境污染物各区县削减比例（SO_2、NO_x、一次 $PM_{2.5}$）等，各地方可结合需要增加特征污染物（挥发性有机物和氨）。削减比例单位为%，数值保留整数，具体数值采用黑体白色描边的形式标注，字号自定。按照不同污染物分开表达，各地根据实际情况，对削减比例按照数值大小进行手动分级。图层可根据图面整体效果设置 10%~30%的透明度。

（7）大气环境分区管控图

需表达基础地理信息、注记和大气环境分区管控区等要素，图层压盖从上至下的顺序是注记、行政界线、大气环境优先保护区、大气环境重点管控区和大气环境一般管控区等。

（8）土壤污染风险分区管控图

需表达基础地理信息、注记和土壤污染风险分区管控区等要素，图层压盖从上至下的顺序是注记、行政界线、土壤环境优先保护区、土壤环境重点管控区和土壤环境一般管控区等。

（9）环境管控单元图

需表达基础地理信息、注记和环境管控单元等要素，图层压盖从上至下的顺序是注记、行政界线、河流水系、优先保护单元、重点管控单元和一般管控单元等。图层可根据图面整体效果设置 10%～30%的透明度，根据图纸内容可增加描边效果。

3.3 重点领域管控技术创新

3.3.1 生态环境分区管控技术

目前在生态环境分区管控领域，基本形成了由生态保护红线、生态空间两类区域组成的生态环境分区管控思路。生态保护红线划分主要是参照《生态保护红线划分指南》，在国土空间范围内，开展生态功能重要性评估及生态环境敏感性评估，并进行综合识别。在生态空间识别方面，基本形成了以综合评价与重要生态功能区识别为主、辅助生态系统评价的划分技术路线。

其中，综合评价是指按照《生态保护红线划分指南》开展生态功能重要性评价、生态环境敏感性评估。目前，通常将评估出的生态功能重要区和极重要区、生态环境敏感区和极敏感区纳入生态空间。

重要生态功能区识别是结合区域生态环境系统特征，从生态安全保障的角度，识别重点生态功能区，纳入生态空间。主要包括以下几种类型：

①国家公园和各级自然保护区、森林公园、风景名胜区、地质公园、

世界文化和自然遗产地、湿地公园、饮用水水源地、水产种质资源保护区、海洋特别保护区等自然保护地；

②自然岸线、河湖生态缓冲带、海岸带、湿地滩涂、重要湖库、富营养化水域、天然林、生态公益林、重要林地、基本草原、珍稀濒危野生动植物天然集中分布区、极小种群物种分布栖息地、重要水生生物的自然产卵场/索饵场/越冬场和洄游通道、水土流失重点防治区、沙化土地封禁保护区、荒漠、戈壁、雪山冰川、高山冻原、无居民海岛、特别保护海岛、重要滨海旅游区、海域；

③地方各类法律、法规等文件确定的需保护的各类保护地。

部分区域还探索性地开展了生态系统评价，主要是利用城市景观生态学的方法，基于对生态流的分析，通过建立阻力面模型，评价、识别重要的生态源地、生态廊道、生态节点和生态基质，补充识别生态空间。

3.3.2 大气环境分区管控技术

近年来，大气环境分区管控在评价精度、三维流场模拟、大气环境敏感性评价、大气环境承载力测算、通风廊道模拟等方面，进行了大量具有开创性的技术创新工作，形成了一套基于分区的大气环境空间管控模拟评价技术（图3-1）。

经过不断的创新，大气环境空间评价精度在矢量地图上由 10 km×10 km 转变为 3 km×3 km、甚至 1 km×1 km 的网格，评价精度大幅提升；大气环境空间特征分析已实现从风玫瑰图等静态分析，转变为逐小时模拟、垂直高度约 2 万 m、具有 38 个气压层的风速、风向、露水温度、相对湿度、气压等 10 余个指标的三维动态流场模拟；创新性地提出了大气环境聚集敏感性、布局敏感性、受体敏感性的概念及其技术评价方法，通过识别大气环境容易窝风聚集等的敏感性区域，实现了大气环境的空间分区管理；利用第三代空气质量模型即气象研究与预报模型—多尺度空气质量模型（WRF-CMAQ）和大气排放源清单处理模型（SMOKE），开展环境空气质量模拟，实现了对一次污染物质的排放与二次 $PM_{2.5}$ 的生成之间响应关系的定量测算，并将其作为大气环境承载力评估测算的基础。

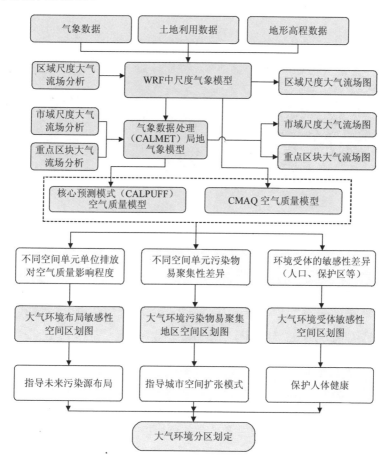

图 3-1　基于分区的大气环境空间管控模拟评价体系

103

专栏 3-2　大气环境空间管控关键技术创新（以福州市为例）

1. 三维流场动态模拟

福州市采用 WRF-CALMET 构建气象模型，结合地形高程数据，分别模拟分析了福建省、福州市和重点区块（罗源湾、闽江口和市区）3 个尺度的三维气象场（图 3-2、图 3-3），福建省的模拟尺度为 3 km 分辨率，福州市和重点区块的模拟尺度为 1 km 分辨率。

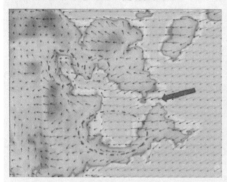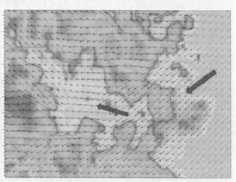

图 3-2　罗源湾大气三维流场模拟　　　　　图 3-3　闽江口大气三维流场模拟

2. 大气环境敏感性评价

将福州市划分为 3 km×3 km 的规则矩形网格共计 1 608 个，采用 WRF-CALMET-CALPUFF 气象与空气质量模型耦合技术，开展大气环境布局敏感性与聚集敏感性解析（图 3-4、图 3-5）。

（1）大气环境布局敏感性评价

在假定每个网格或区块单位排放等量污染物的情况下，逐一模拟每个网格或区块单位污染物排放对空气质量的影响范围和程度。网格或区块污染物排放对空气质量影响越大，其空间布局敏感性越大。

（2）大气环境聚集敏感性评价

在假定所有网格同时排放等量污染物的情况下，模拟污染物浓度的空间分布情况。污染物浓度较高地区则为不易扩散或易聚集地区，聚集敏感性也越大。

（3）大气环境受体敏感性评价

以维护人群安全健康为目标，将城镇中心及集中居住、医疗、教育等区域划分为大气环境受体敏感区域。

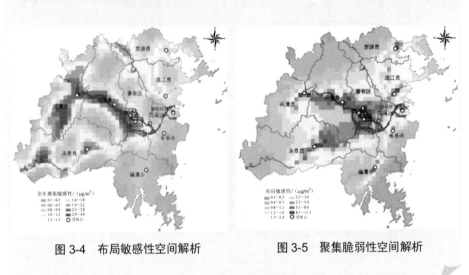

图 3-4　布局敏感性空间解析　　　　图 3-5　聚集脆弱性空间解析

3.3.3　水环境分区管控技术

随着水环境基础数据的逐渐完善与技术方法的不断提升，水环境分区管控技术在评价精度、控制单元精细化管理、污染源"产—汇"关系分析、水环境敏感性评价等方面，均开展了一系列较大或开创性的实践探索。

目前，水环境分区管控技术已经实现在分辨率为 10 m 的数字高程模型（DEM）数据上、以 10 km^2 为单元阈值，开展汇水区和控制单元的划分；结合水系传输情况，实现相对精细化的污染源"产—汇"传输关系分析；创新性地开展水环境重要性、敏感性评价，识别水环境功能

较高、质量较好、水生物种丰富等的区域，以及水质明显较差、自净能力较弱等的区域，作为水环境管控分区划分的基础。完成上述工作后，方可形成以精细化的控制单元为管理主体，开展水环境问题分析、功能目标确定、水环境质量管理、污染物排放控制、管控要求落地等系统化、链条化的水环境空间管控工作。

专栏 3-3　水环境分区管控关键技术创新

1. 水环境精细化评价（以宜昌市为例）

宜昌市基于分辨率为 30 m 的 DEM，结合 SWAT（Soil and Water Assessement Tool）模型数据库，开展汇水分析，将宜昌市划分为 337 个子流域、3 000 个汇水单元。在汇水单元的基础上，综合考虑行政边界、园区布局、污染源分布、控制断面等因素，将宜昌市划分为 2 572 个控制单元（图 3-6），作为下一步水环境评价、分析、管理的主体。

2. 源汇关系解析（以长吉联合都市区为例）

环境规划院在长吉联合都市区生态环境保护战略研究中，以水系传输特点为基础，结合环境统计、污染物排放等基础数据，开展了水环境污染源"产—汇"传输关系模拟分析（图 3-7），定量分析伊通河水系各河道污染排放、污染承接的贡献情况，作为下一步划分水环境管控单元、开展水环境容量管理等水环境分区管理工作的重要依据。

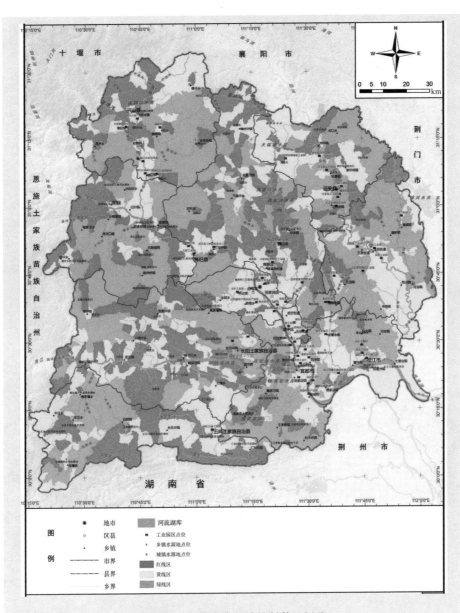

图 3-6 宜昌市水环境控制单元划分

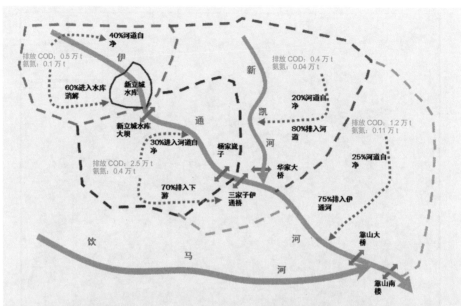

图 3-7   伊通河污染源"产—汇"传输关系分析示意图

3. 水环境敏感性评价（以福州市为例）

福州市解析水环境系统格局，开展水源涵养重要性评价、水生生物重要性评价及水生态敏感性评价，将水源保护区、重要水源涵养区、清水通道维护区、水生生物多样性重点维护区、水环境质量高功能区等区域纳入水环境优先保护区，将污染扩散能力差的河段、水质超标的控制单元等区域纳入水环境重点管控区（表3-1）。

表 3-1   福州市水环境空间分级管控方案（2015 年）

序号	类别	优先保护区	重点管控区
1	水源保护区	市级、县级、乡镇级饮用水水源地保护区	
2	重要水源涵养区	福州市域范围内水源涵养服务极重要区域	福州市域范围内水源涵养服务重要区域

序号	类别	优先保护区	重点管控区
3	清水通道维护区	闽江福州段上游至西区、北区水厂水源保护区及沿岸纵深1 km的水源地上游管控区，大樟溪上游至莒口段及沿岸纵深1 km的水源地上游管控区等	
4	水生生物多样性重点维护区	海洋珍稀濒危物种及水产种质资源保护区的核心区，以及其他珍稀濒危和重点保护水生生物物种栖息地、繁殖场、索饵场	
5	水环境质量高功能区	水质目标为Ⅰ类及Ⅱ类区域	
6	污染扩散能力差的河段		闽江入海口至环南台岛水上游区域受潮汐影响明显，污染物扩散时间明显延长，水环境自净能力减弱的区域
7	水质超标的控制单元		以工业源为主、以城镇生活源为主、以农业源为主的超标控制单元

4. 以控制单元为主体的系统化、链条化管理（以济南市为例）

济南市环境总体规划以全市控制单元为水环境管理主体，逐步对控制单元的水质现状、目标底线、总量要求、承载状况、污染情况、主要问题进行梳理，对重点单元提出总量、准入、治理方向等要求，形成以控制单元为主体的系统化、链条化管理路径。

3.3.4 土壤环境分区管控技术

土壤环境分区管控技术目前主要依托农用地土壤污染调查与建设

用地土壤环境调查的数据，参照《土壤环境质量评价技术规范（征求意见稿）》，采用单因子或多因子污染指数等方法，对农用地进行土壤污染物超标及累积性评价，对建设用地开展污染物超标评价，在划分土壤环境质量等级的基础上，识别农用地优先保护区、农用地污染风险重点管控区、污染地块等区域。

部分地区探索将《污染场地风险评估技术导则》（HJ 25.3—2014）及相关土壤风险评价技术应用至全域。在全域范围内，以保障人群健康和农产品安全为基础，开展风险源危害识别、暴露评估、毒性评估、风险表征等评估，将土壤超标区域划分为风险可接受、低风险、中风险、高风险 4 个等级，识别土壤风险区域。

3.4 综合管控集成体系创新

3.4.1 环境质量系统管理

生态环境空间管控还将"山水林田湖草是一个生命共同体"的理念落实其中，提出了"清风、清水、生态"廊道体系（图 3-8），实现以维护大气污染物扩散能力、保护优良水体、保障区域生态安全为目的的生态环境质量系统管理。

清风廊道主要是根据区域自然环境格局，选取城市热负荷、大气污染负荷、通风潜力、风环境等指标开展城市气候环境综合评估分析，构建通风廊道，形成有利于大气污染物扩散的空间格局。清水通道主要是依托现有自然、人工水系，构建"河流、干渠、水库"清水通道体系，保持重要水源输送功能，维护优良水体，打造宜居水景观，从而保护水生态的系统完整性。生态廊道主要是基于景观生态学中"斑块—廊道—

基质"模型方法，构建生态安全格局，维护区域生态安全。

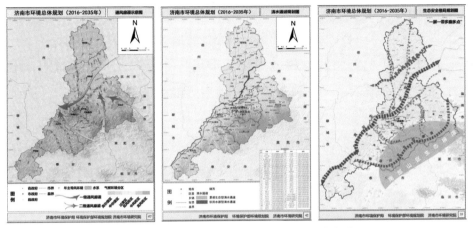

图 3-8　城市"清风、清水、生态"廊道体系

注：从左至右依次为清风廊道、清水通道、生态廊道。

3.4.2　资源环境承载力优化

资源环境承载力在规划应用中一直面临难以将科学性的概念、定量化的技术手段转化为约束性管理手段的难题。近年来，城市环境总体规划、"三线一单"等工作，重点围绕资源环境承载力从"数量"到"空间"的转变，进行了一系列探索与突破。目前，主要的转化路径是通过"资源（土地资源、水资源）利用底线"和"环境（大气环境、水环境）承载上线"，提供人口聚集、空间开发、产业结构等方面的指引。

在土地资源方面的承载力优化，主要是开展基于生态安全网络的土地资源承载力评估，研究基于生态环境安全的土地开发强度阈值，分析不同资源开发强度、资源消耗/产出情景下人口、经济的承载状况，为城市开发建设提供基础支撑。

111

在水资源方面的承载力优化，主要是从水环境安全维护与水环境质量改善的角度，评估区域地表水资源状况，提出基于水环境质量改善与安全维护的水资源开发强度控制、生态流量保障等要求。

在大气环境方面的承载力优化，重点是基于大气环境容量与承载力，制定分阶段的污染物排放总量，煤炭等能源消耗总量、强度等控制指引。

在水环境方面的承载力优化，主要是根据水环境容量及其承载力情况，"以水定排"，为制定主要河流污染物排放数量、去向、方式、强度等引导性要求提供基础支撑。

3.4.3 综合分区集成与管控

"三线一单"与单要素管控相比，更强调多要素综合集成。其在技术方法上主要以生态环境功能维护为原则，将单要素、分层次的生态保护红线、生态空间、大气环境管控分区、水环境管控分区、土壤环境风险管控分区、资源利用上线管控分区等图层，与城镇建设区、乡镇街道、工业园区（集聚区）等区域进行叠加处理，划分环境综合管控单元，在"一张图"上、一个管控单元上落实生态保护红线、环境质量底线、资源利用上线的分区管控要求，进行综合集成管理。

在环境管控单元划分过程中，各要素分区管控的相关属性、管控要求等内容依然保留，并将其作为开展具体地块或区域环境管理的依据（图3-9）。在具体的叠加过程中，主要以水环境管控分区作为基准图层，对其他图层进行叠加、拟合处理。

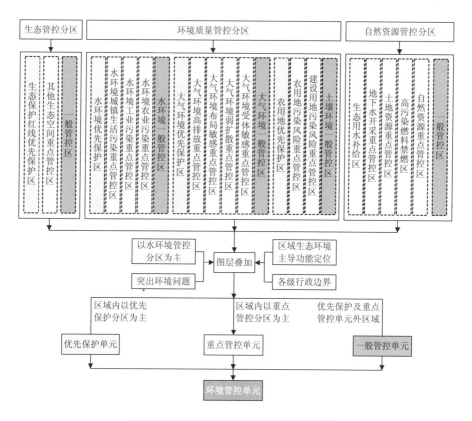

图 3-9　环境综合管控单元划分技术路线

　　"三线一单"以综合管控单元为主体，对环境综合管控单元的区域生态环境主导功能、经济产业特征、主要环境问题、环境要素分区类型进行分析，按照"瞄准功能定位—解决重点问题—质量目标约束—生态环境要素支撑—环境管控单元表达—制定生态环境准入清单"的整体思路，结合"三线"要求、地方环境经济形势与管理要求，从空间布局约束、污染物排放管控、环境风险防控、资源利用效率等方面提出各环境管控单元差异性的生态环境准入清单，实施逐单元的清单式集成管理。

3.5 成果综合应用创新

3.5.1 综合应用平台构建

部分省（区、市）将污染源、监测点位、环境质量等生态环境基础空间数据，以及城市环境总体规划、"三线一单"的生态保护红线、大气和水环境管控分区等分区、分类成果，集成生态环境空间管控的实施管理信息数据库平台，实现生态环境分区基础数据管理、成果管理、实时业务数据对接、数据综合查询及展示，以及数据共享交换、智能分析支持、多类型用户服务、应用服务接口、业务管理互动等管控数据的集成管理、智能分析与综合应用。该平台可作为综合决策、规划会商、环评审批、项目选址等的基础依据（图3-10）。

图 3-10　宜昌市环境总体规划管控属性查询界面

宜昌市环境总体规划信息管理与应用系统由湖北三峡云计算中心完成部署，同步开发手机版应用程序，2016 年，面向全市生态环境系统各部门以及宜昌市发展和改革委、国土资源局、经济和信息化局等 18 个市政府直属部门全面开放（图 3-11）。

生态保护红线管理　　水环境重点区域管理　　项目审批申请列表　　野外项目空间信息采集　　项目范围采集结果

图 3-11　《宜昌市环境总体规划》手机 APP 版应用示例

3.5.2 服务环境影响评价审批

宜昌市环境总体规划信息管理与应用系统应用近 4 年来，已累计对全市 2 800 余项（次）建设项目规划的选址、选线合理性进行了分析论证，重点分析建设项目与生态功能控制线、水及大气环境质量红线的相符性。查询分析的项目中，矿山建设项目 800 余项、养殖及屠宰场建设项目 228 项、渣场建设 90 项、铁路建设 93 项、风电建设 84 项、公路建设 23 项、水电建设 43 项、高压线路建设 23 项、旅游开发项目 20 项、工业园建设 13 项，以上行业项目查询数量合计约 1 420 项，占项目分析总数的一半以上。以 2018 年分析的重点项目为例，矿山建设项目共分析 57 项，论证通过 20 项，占矿山建设分析项目的 35%。不符合管控要求的项目原则上均未通过环境影响评价审批。

3.5.3 服务重大项目选址

2006 年,《广东省环境保护规划纲要》提出的全省生态环境空间管控体系,经广东省人民代表大会常务委员会批准后实施。此后,由于不符合《广东省环境保护规划纲要》提出的大气环境分区管控要求,广州市委、市政府取消了拟在南沙区投产 500 多亿元的炼炉项目上马。

2016 年,广州市环境总体规划提出的生态、水、大气环境的分区方案及管控要求,经广州市人民政府颁布实施。2017 年,在富士康项目与广州市第二机场项目选址过程中,广州市环境保护局将项目选址方案分别与生态、水、大气环境分区管控方案进行叠加对比分析后,形成了项目优化选址方案,供市人民政府决策。

3.5.4 服务生态环境治理

济南市将环境总体规划中提出的大气、水环境分区管控,大气高污染燃料禁燃区等方案,与全市 13 个主要工业园区、576 家重点工业污染源、238 家重大风险源进行落地叠加分析,为全市工业园区环境治理、企业布局调整、产业与能源结构调整等工作提供重要依据。广州市将全市 95 个产业聚集区与广州市环境总体规划中提出的生态、大气、水空间管控区进行叠加分析,重点针对空间布局不符合相关管控要求的区域,开展了针对性的准入、限制、淘汰、治理等工作。

3.5.5 服务城市综合决策

宜昌市环境总体规划对宜昌市整个生态环境的结构、功能进行本底性的分析发现,宜昌市整体上呈现"风往西吹、水往东流"的自然格局,而东部大量的化工园区处于中心城区主导风向的区域,对宜昌市整个大气环境质量改善带来了难度。宜昌市环境总体规划探索通过划分大气环境重点管控区域，加严管控措施，逐步引导宜昌市大气重污染工业项目及园区的改造、升级、搬迁，积极推动宜昌市产业结构与空间布局优化发展。

福州市近年来不断加大闽江沿岸开发、东部地区工业建设发展等的进程。在其城市环境总体规划编制过程中，通过进行大气环境三维流场模拟、水环境传输影响模拟等工作时发现，闽江口是福州市主要通风廊道，海洋风主要通过闽江口进入市区，此处不宜布设废气排放项目与进行大规模开发建设；地处福建省东北部沿海的罗源湾地区属"窝风聚气"之地，大气、水污染物传输和扩散能力较弱，环境风险隐患较高，需根据局地生态环境空间传输和扩散特征进行科学、有序的工业开发建设。此后，福州市人民政府在闽江口沿岸建设、闽江口华能电厂项目扩建、东部新区规划中有效落实了相关意见建议。

济南市环境总体规划通过大气环境敏感性、脆弱性模拟发现，城市的工业园区布局在城市静风、小风高发或城市上风向区域内（图3-12）。全市 11 个市级以上工业园区和 5 个工业集聚区（不含高新区）中，5个位于大气扩散条件较差的区域，7 个位于大气扩散条件差的区域；31个大气重点污染源中，8 个分布在大气扩散条件较差的区域，21 个分布在大气扩散条件差的区域，且其中 7 个位于小风（平均风速较低）中心，这些分析数据为下一步城市工业园区布局调整、产业结构优化提供了科学支撑。

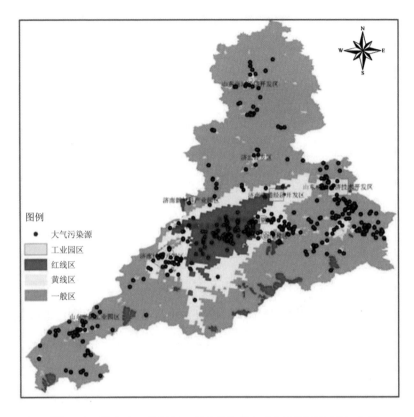

图 3-12　济南市工业园区、重点污染源与大气环境分区叠加分析

4

生态环境空间管控发展趋势与建议

4.1 发展趋势展望

《中共中央 国务院关于建立国土空间规划体系并监督实施的若干意见》确定了国家发展规划、国土空间规划、相关专项规划的国家规划体系。在国土空间规划体系构建背景下，生态环境空间管控总体上呈现出从属于国土空间规划的态势，使其在发展中挑战与机遇并存。

4.1.1 生态环境空间管控面临的机遇

当前，我国经济发展取得巨大成就，但随之产生的大量生态环境问题，成为美丽中国建设的明显短板。生态环境应是国土空间规划编制过程中需要优先考虑的首要要素。新形势下的国家发展，为加快推进生态环境空间管控工作，全面支撑国土空间规划编制实施，带来了历史机遇。

（1）在理念层面，生态优先、绿色发展的价值观得以进一步强化，

119

生态文明建设为生态环境空间管控支撑国土空间规划编制提供了时代背景

生态文明建设已经融入"五位一体"总体布局，绿色发展已经成为促进美丽中国建设、实现人与自然和谐共生的重要手段。国土空间规划体系构建是文明演替和时代变迁背景下的重大变革。在当前我国从工业文明步入生态文明的时代背景下，国土空间规划的终极目的是为生态文明建设提供空间保障。因此，国土空间规划与生态环境空间管控的价值导向与目标指向一致，无论是国土空间规划中的"三区三线"，还是生态环境空间管控中的"三线一单"，两者的最终指向都是构建和谐、有序、科学、合理的国土空间布局。生态环境空间管控的相关工作，可以全方位支撑国土空间规划的编制实施。

（2）在技术层面，国土空间规划中"双评价"技术难以涵盖生态环境全要素、全领域，生态环境空间管控系统完整的技术链条可以为国土空间规划编制的实施提供技术保障

"双评价"是国土空间规划编制的基础与前提，是划分"三区三线"、优化空间格局的基本依据。其重点围绕三大功能导向、六种要素指标开展海陆全覆盖的评价，并结合地方特色构建差异化、特色化的指标体系，在实践中把握资源环境承载力评价和国土空间开发适宜性评价串联递进的关系，依次开展资源环境要素单项评价—资源环境承载力集成评价—国土空间开发适宜性评价。这种基于指标评价的技术方法，一方面受指标适宜性程度、数据精准性、参数合理性等多种因素影响，划分成果的客观性难以保障；另一方面，生态环境自身在结构、功能、传输等方面的空间差异性特征没有被充分和系统地考虑。近10年来，通过相关学者对生态环境空间管控理论与实践展开大量研究，建立了大气环境高精度三维流场模拟、空气质量模拟、水环境"源—汇"传输关系模拟、

生态环境系统评估等技术体系，形成了一系列成熟的技术方法，可为国土空间规划编制提供强有力的支撑。

（3）在实践层面，生态环境空间管控在省级、市级层面不断实践，为优化构建合理的国土空间布局打下扎实基础

目前，长江经济带及青海省等 12 个省（市）"三线一单"编制工作基本完成，其他 19 个省（区、市）及新疆生产建设兵团的"三线一单"编制工作正逐步展开。浙江、江苏等省份环境功能区划已经开始实践应用。宜昌、福州、广州、青岛等全国 30 余个城市编制完成了城市环境总体规划并已开始实施。宜昌、广州等城市陆续开展了各区县环境控制性详细规划的编制工作。全国各省（区、市）及部分城市对辖区内生态系统格局及大气、水环境的结构和功能等的空间分异特征已基本掌握，由此形成了一大批生态环境空间管控成果，为国土空间规划编制提供了有力支撑。

（4）在管理层面，与生态环境空间管控相关的准入要求可为国土空间用途管制提供基础依据

在对国土空间实施分区、分类用途管制的过程中，由于空间功能具有多样性和重叠性，所以需要生态环境空间管控为其提供基础依据。例如，生态空间涉及对水源地保护区、水源涵养区、湿地保护区等能够发挥重要生态系统功能的区域进行维护管控；农业空间涉及对农用地污染地块的修复治理与使用权流转的管控；城市空间面临着建设用地涉风险地块环境风险防范，大气与水环境高污染、高排放区治理，大气、水环境高敏感性、高脆弱性区域的产业准入等内容。

4.1.2 生态环境空间管控面临的挑战

多年来，生态环境空间管控体系被不断探索和完善，然而在当前国

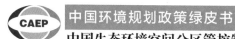
土空间规划体系下，生态环境空间管控体系呈现破碎和割裂的趋势，面临较为严峻的挑战。

（1）生态环境空间管控处于从属地位，生态环境的系统管控面临挑战

生态是统一的自然系统，是相互依存、紧密联系的有机整体。生态环境治理体系改革要用系统论的思想方法看问题，从系统工程和全局角度寻求新的治理之道。《中共中央　国务院关于建立国土空间规划体系并监督实施的若干意见》中确定了国家发展规划、国土空间规划、相关专项规划的国家规划体系。其中，生态环境保护规划作为支撑国土空间总体规划的专项规划，要服从总体规划，不得违背其强制性内容。生态环境保护规划作为生态环境系统维护与管控的主要平台，已初步确定为国土空间规划编制的专项规划，但是由于其处于相对从属的地位，难以保障生态环境保护与管理的系统性。如果运用不恰当，甚至可能造成"生态优先"的理念在国土空间规划中落空。

（2）生态环境空间管控多线推进，自身技术体系尚未形成真正完整的逻辑闭环

近年来，生态环境空间管控呈现出不同的管控模式，单要素、多要素管控相互交织，管控的方向、目标、途径各不相同，相互间协调程度也有待加强。例如，在水环境空间管控中，存在水功能区划制度与水控制单元管理制度并行，水控制单元监测、管理尚未形成统一方案的问题；在多要素综合管控中，存在综合环境功能区划、"三线一单"等工作并行，管控的思路与实施路径差异较大，且与单要素管控的环境功能区划、水控制单元管理、土壤环境分类管理等内容部分交叉的问题。生态环境空间管控作为一个独立的概念与管控手段，尚未形成统一的认识，所以亟须进一步整合，形成对内统一、对外一致的系统化的生态

环境空间管控制度。

（3）国土空间规划空间底盘强，要求生态环境空间管控落地更加精准

国土空间规划以自然资源调查、监测数据为基础，采用国家统一的测绘基准和测绘系统，整合各类空间关联数据，建立县级以上国土空间基础信息平台，从而实现主体功能区战略和各类空间管控要求的精准落地，进而对生态环境空间管控精准化程度提出了较高要求。受制于生态环境空间管控探索起步较晚等因素，生态环境空间管控的基础数据规范化与精准化程度较低，其信息化建设与应用较为滞后，区县层级更是缺乏数据和能力支撑；生态环境空间管控从理论技术方法向落地应用手段的转化路径尚在探索中，其精细化落地应用的技术难度与管理障碍较大。

（4）生态环境空间管控体系与国土空间规划体系相互独立，二者缺乏交流对话的平台

长期以来，由于生态环境、自然资源等相关管理部门在技术与管理上的交流、互通甚少，导致生态环境空间管控参与国土空间规划的制度政策桥梁也相对缺失。在上一轮市级、县级"多规合一"试点编制过程中，涉及生态环境空间管控的大部分内容以生态保护红线为主，而关于大气、水、土壤等生态环境空间管控的内容相对较少。在此次国土空间规划"五级三类"（"五级"分为国家级、省级、市级、县级、乡镇级；"三类"为总体规划、详细规划、专项规划）体系构建过程中，生态环境空间管控内容迫切需要落实到"五级"空间要求中，但是在实施过程中发现它们缺乏对话交流的平台。

4.2 与国土空间规划融合建议

就目前的国土空间规划治理改革而言，其过程主要包括评价规划技术方法衔接、规划实施过程管控、"三区三线"内容管控 3 个环节。实际上，这 3 个环节与传统的生态环境空间区划过程是基本相同的。只要国土空间规划这 3 个环节坚持生态优先的基本原则，那么生态环境空间管控要求的融入就能基本落地。所以，这 3 个环节的国土空间规划与生态环境空间管控的融入非常关键。

4.2.1 评价规划技术方法的融合

（1）加强生态环境空间管控技术精细化发展

国土空间规划编制评价技术在第三次全国国土调查数据的基础上，立足国土空间，识别生态保护空间，明确农业生产和城镇建设的合理规模和适宜空间（表 4-1）。国土空间规划评价技术的最大优势是拥有强大的空间底盘、完备的空间数据和高精度的空间信息，在国土空间规划发挥基础效力的国家规划体系下，生态环境空间管控需要在解决生态环境空间底盘"弱"、环境基础"薄"、数据精度"粗"等关键问题的前提下，将"尊重自然、顺应自然、保护自然"的生态文明理念转化为国土三大功能空间中可落地和可量化的生态环境空间管控要求，实现在一个空间平台上与国土空间规划进行对话。

表4-1　国土空间规划"双评价"技术和生态环境空间管控技术比较

技术\项目	国土空间规划"双评价"	生态环境空间管控			
		环境功能区划		城市环境总体规划	"三线一单"
		单要素	综合要素（环境区划）		
探索起始	约2017年	水：1990年 大气：1995年 近岸海域：1990年 噪声：1994年 土壤：2010年 生态：2000年	2009年	2011年	2016年
评价对象	生态系统重要性和生态敏感性、土地资源、水资源、气候资源、环境容量（土壤环境容量、大气环境容量、水环境容量）、灾害、区位	针对单要素进行评价，分别形成水、大气、噪声、土壤、生态、近岸海域环境功能区划类别、管理要求	生态系统功能重要性和生态环境敏感性、人口集聚度、经济发展水平、环境容量、环境质量、污染物排放、土地资源、可利用水资源	生态：生态系统重要性、生态环境脆弱敏感性；大气：环境质量；环境容量：大气、水；资源环境承载力：土地资源、水资源，可利用环境风险	生态（生态系统功能重要性、生态环境敏感性）、环境质量（大气、水、土壤）、允许排放量（大气、水）、环境风险、资源（生态需水量、土地、土壤环境质量改善；基于大气环境质量测算煤炭上线）

技术\项目	国土空间规划"双评价"	生态环境空间管控			
		环境功能区划		城市环境总体规划	"三线一单"
		单要素	综合要素（环境功能区划）		
评价精度	省级（区域）层面，单项评价计算精度采用（25 m×25 m）～（50 m×50 m）栅格，以县级行政单元计算承载规模；市级层面单项评价，优先使用矢量数据，使用的栅格数据采用25 m 或 30 m×30 m 计算精度，以乡（镇）行政单元计算承载规模	水、大气、近岸海域评价精度无要求；声：根据城镇建设用地类型进行评价；生态评价精度要求：省级层面采用250 m×250 m 栅格	以县（区、市）等行政单元为评价单元	市级生态评价采用 100 m×100 m 栅格；水环境评价：大气采用公里网格；大气采用公里网格；风险等评价采用公里网格；资源采用行政区划评价采用行政区划评价采用行政单元	市级生态评价采用 100 m 栅格；水环境评价采用 100 m 栅格；大气采用控制单元；大气采用公里网格；风险等评价采用公里网格；资源采用行政区划单元；资源采用行政区划评价采用矢量斑块
技术内容	分析区域自然禀赋条件，研判国土空间开发利用的问题和风险，识别生态系统服务功能极重要区和生态环境极敏感区，明确农业生产、城镇建设的最大合理规模和适宜空间	水：综合水域环境容量和社会经济发展需求，以及污染物排放总量控制的要求，划分水域分类管理功能区；大气：根据区域生产生活功能划分；土壤：根据土地利用类型、土壤功能及相关规划、土壤环境质量评价和土壤污染分析结果划分；近岸海域：根据海水水质类别，划分分区界线，制定管理内容；生态：生态系统重要性、生态环境敏感性	建立环境功能综合评价指标体系和环境功能综合评价指数，划分为自然生态保留区、生态功能保育区、食物保障区、聚居环境维护区、资源开发环境引导区	以空间结构和功能特征为出发点，划分"格局红线"和"质量红线"；依据环境功能的空间分异特征，建立客观反映环境使用功能和价值的环境质量划区体系，划分"质量基线"	以改善环境质量为核心，环境质量底线、生态保护红线、资源利用上线为基础，将利用区域划分为若干环境管控单元，按照生态保护、环境质量目标管理、资源利用管控等要求编制生态环境准入清单，构建环境分区管控体系

项目＼技术	国土空间规划"双评价"	生态环境空间管控			
		环境功能区划		城市环境总体规划	"三线一单"
		单要素	综合要素（环境功能区划）		
主要特征	重点围绕三大功能导向、六种要素指标全域全覆盖的评价	围绕环境质量标准和生态环境主导功能进行功能区划分	以主体功能区划等相关规划为依据，提出环境功能区划方案、环境管理目标、制定环境质量要求和污染物总量控制、工业布局与产业结构调整等环境管理要求	根据城市生态环境系统本身在空间结构、过程和功能方面的特征，明确环境空间管制要求方案，拓展功能区划、红线、承载力、质量基线等	将生态保护红线、环境质量底线、资源利用上线等管控要求进行空间落地，用"三线一单"划定规则，用"线"框住空间和开发强度，用"单"规范行为

（2）充分体现生态优先的价值观和方法论

国土空间规划融合了主体功能区规划、土地利用规划、城乡规划等空间规划，但没有涵盖生态环境相关规划内容。根据以往综合规划、专项规划、指导规划的编制要求来看，对生态环境保护内容的主要考虑是针对具体规划开展的环境影响评价工作，进而分析、预测和评估规划实施后可能造成的环境影响，同时围绕规划方案提出规划修改的建议和加强生态环境保护的措施，但这种方式并不足以从源头预防环境污染和生态破坏。国土空间规划的使命之一是为生态文明建设提供空间保障，为了遵循、体现、实施"生态优先，绿色发展"的理念，首先就需要在规划编制及其方法应用中将这个理念予以融合。

一是在"五级三类"的国土空间规划体系中，国土空间总体规划统筹和综合平衡各相关专项领域的空间需求。国土空间总体规划的强制性内容需要相关专项规划和详细规划遵循。由于国土空间规划需要上下级政府之间及各部门之间的刚性传递与动态反馈，需要各类利益主体充分博弈、沟通协调，所以建立协调的程序、规则、标准和机制就显得非常必要。在国土空间规划编制过程中，可以采取建立部门间信息动态交互的协调决策方法，实现生态环境空间管控要求与国土空间规划编制内容的充分融合。

二是在国土空间规划编制方法中，需关注生态环境关于空间结构布局的诉求。例如，湖北省宜昌市自然生态环境特征构成了其"风往西吹、水往东流"的自然规律，存在水、土壤、大气、矿资源"空间错配"的自然格局。受其自然生态环境的影响，宜昌市面临磷矿产业发展与总磷污染、城区水源地保护的结构性难题和东部工业园区集中布局与大气环境污染之间的布局性难题。因此，在城市空间结构、产业发展布局等方面需要充分考虑哪些地方适合发展、哪些地方需要严格保护等生态环境对空间结构的诉求。北京市根据区域大气环境流场特征和传输关系，从提升城市的空气流动性、缓解热岛效应和改善空气质量的角度，打造了5条城市通风廊道，提出在通风廊道规划范围内，建筑物的高度、密度等都将受到严格的控制。

4.2.2　规划实施过程环节的融合

（1）遵守生态优先的规矩，明确生态环境空间管控规则

习近平总书记指出，"生态环境问题归根结底是发展方式和生活方式问题，要从根本上解决生态环境问题，必须贯彻创新、协调、绿色、开放、共享的发展理念，加快形成节约资源和保护环境的空间格局、产业结构、生产方式、生活方式，把经济活动、人的行为限制在自然资源和生态环境能够承受的限度内，给自然生态留下休养生息的时间和空间"。这就需要立下生态优先的规矩，明确生态环境空间管控规则，强化生态环境保护的底线思维和空间约束，将哪些能干、哪些不能干的生态环境空间管控要求系统性地立在经济社会发展的前端，引导构建绿色发展格局，实现科学发展、有序发展和高质量发展。

（2）建立国土空间规划实施管控的协调机构和专家咨询机构，强化国土空间用途管制与生态环境空间管控的统筹、决策、协调

在国土空间分区、分类实施和用途管制的过程中，生态环境空间管控需要坚持生态优先的总基调，强调源头预防的总思路，系统涵盖各类生态环境要素，实现国土空间全覆盖的生态环境空间分区管控目标。在国家—省级等宏观层面，明确生态环境空间管控的总体格局、管控原则和管控重点；在市级等中观层面，强调生态环境空间管控的主导功能、空间结构和总体要求；在区县—乡镇等微观层面，重点强化管控要求的空间落地。各层级实现包括"权、责、利"对等、"横向到边、纵向到底"原则在内的"质量改善—空间要求—差异政策—考核评估—奖惩机制"

闭环生态环境空间管控制度。此外，2018 年以后，生态环境部的基本职责定位是统一行使生态环境监管，重点强化生态环境制度制定、监测评估、监督执法和督察问责四大职能，坚持所有者与监管者分离，污染防治与生态保护实施统一监管执法，污染治理实施城乡统一监管。推进落实生态环境空间评价和分区、分类管控，加强生态环境空间监管力度，已经成为生态环境保护的基础性工作。生态环境部门在前期生态环境空间管控相关工作的基础上，逐步建立生态环境空间管控制度，强化生态环境空间管控的前置引导地位，作为国土空间规划"双评价"的前提或基础，为区域开发、资源利用、城乡建设、空间规划和产业准入提供依据。因此，建立国土空间规划实施管控的协调机构和专家咨询机构，强化对国土空间用途管制与生态环境空间管控的统筹、决策与协调显得尤为重要。

4.2.3 "三区三线"内容融合

（1）生态空间与生态保护红线：重点是管控数量规模与空间格局

经济社会发展以及人们对生产、生活空间需求的不断增长，导致生态空间被无序开发、不断被挤压侵占，同时引起了生态功能和生态系统退化、生态环境恶化等生态安全问题。生态空间的功能缺失，将会导致空间秩序的紊乱。生态空间作为一种为人类生存和经济社会发展提供生态服务生态产品的重要空间形态，其数量规模和空间格局会直接影响国土空间的生态安全。所以，从保障区域生态系统健康的角度出发，提出对生态空间的管控应重点围绕数量规模和空间格局进行。

生态环境空间管控要坚守生态空间的优先位序（图 4-1），从严控制生态空间转为城镇空间和农业空间，加强对农业空间转为生态空间的监督管理，鼓励城镇空间和符合国家生态退耕条件的农业空间转为生态空间，保障生态空间面积不减少。其中生态保护红线按照禁止开发区域进行管控，通过制定生态环境准入正面清单，实行刚性约束管控，除生态保护红线之外的其他生态空间原则上按照限制开发区域进行管控；通过制定生态环境准入负面清单，实行弹性调节管控。生态空间中的生态环境准入清单应作为国土空间中生态空间用途管制制度实施的重要依据。

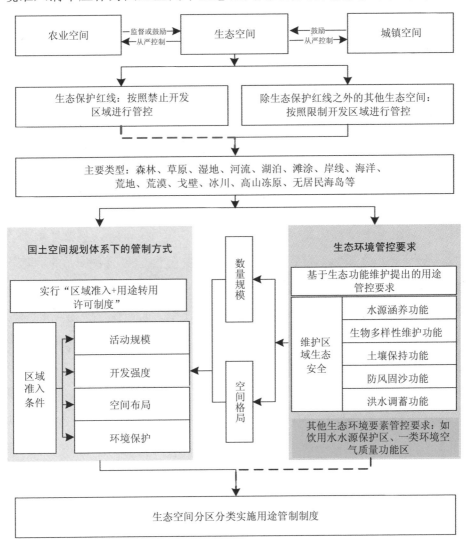

图4-1　生态空间的生态环境空间管控示意图

对生态空间格局的管控，主要是坚持在生态空间面积不减少的前提下，保障生态空间的功能质量不降低甚至提升的原则。通过严格管控国土空间开发的行为，避免对生态空间关键节点、格局和功能的侵占和干扰。通过建立生态空间开发与保护的监管制度，搭建生态空间监测网络与监管平台，定期开展生态保护红线、生态空间面积规模与质量效益、生态产品供给能力的监测评估及生态环境承载力的预警分析，识别重点区域、重点问题，提出生态保护修复重点任务，强化国土空间规划的监督实施。

（2）农业空间与生态环境安全：管控农业结构和土地使用方式

土壤是经济社会可持续发展的物质基础之一，保护好土壤环境是推进生态文明建设和维护国家生态环境安全的重要组成部分（图4-2）。当前部分地区土壤环境污染较为严重，已成为全面建成小康社会的突出短板之一。由于土壤环境是一个开放的复杂生态系统，所以土壤环境质量受多重因素的叠加影响。农业空间中的土壤污染是由地表水污染、地下水污染、固体废物污染、大气污染物沉降交叉叠加形成的复合型污染，是目前生态环境污染管控体系中污染底数不清、技术储备不足、治理成本昂贵的一个领域。同时，与大气、水等流动性环境要素的污染防治不同，土壤环境污染具有独特的时空累积特征，其污染物难以迁移、扩散和稀释。

农业空间中土壤环境管控遵循"预防为主，保护优先，风险管控"的基本思路，根据土壤污染状况调查结果，重点针对农用地和"林—草—园"地两种类型，按照土壤环境质量划分不同管控类型的区域，重点管控农业生产结构和土地使用方式两个方面，并作为农业空间"约束指标+分区准入"用途管制方式的重要前置性依据。

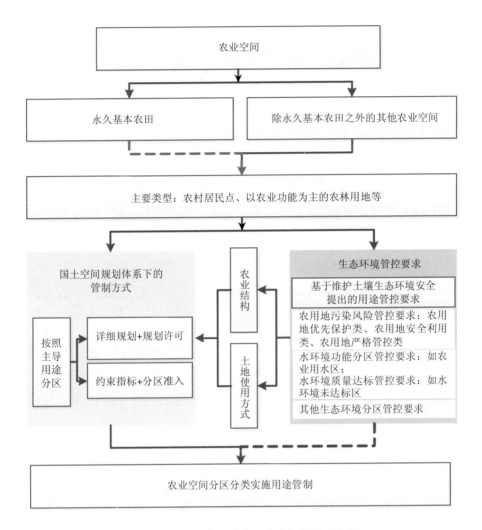

图 4-2　农业空间的生态环境空间管控示意图

　　土壤环境质量类别：未污染和轻微污染的农用地，属于农用地优先保护类，应重点管控其在农业空间中是否已被划入永久基本农田，要求遵循面积不减少、土壤环境质量不下降的原则，严格控制相关产业布局和风险防控要求；轻度和中度污染的农用地，属于农用地安全利用类，

应重点实行农艺调控、替代种植等管控方式；重度污染的农用地，属于农用地严格管控类，在"农—林—草"土地利用类型转换、农业种植结构调整和环境风险防控等方面，实施功能用途管控。

对于重度污染的牧草地、林地和园地，主要管控种植结构的调整方式和农业生产的使用行为。

（3）城镇空间与生态环境质量：管控产业布局和开发建设行为

城镇空间是资源能源消耗、污染物排放最为集中的区域，除提供生产和生活功能外，还应满足最基本的生态环境质量要求（图4-3）。城镇空间内优质生态产品供给不足、生态环境破坏、污染形势严峻已成为城镇高品质建设的重要短板之一。究其原因是城镇的发展定位、空间开发、人口集聚和产业结构等不符合自然环境客观规律，以及缺乏对资源环境承载力和环境风险的全面考虑。

城镇空间中生态环境空间管控以水、大气、噪声、生态等生态环境要素为主要考虑对象，严格管理生态环境质量，遵循生态环境质量"只能更好，不能变坏"的基本要求，重点针对产业空间布局和开发建设行为进行管控。

产业空间布局管控在分析城镇空间自然禀赋和自然环境特征规律的基础上，识别"藏风聚气"区域，明确水流"源—汇"关系，辨明"功能节点—关键廊道"的城镇生态网格格局，划分城镇空间生态系统重要区、生态环境敏感脆弱区和污染场地环境高风险区，重点提出这些区域允许、限制、禁止的产业布局类型清单。根据生态环境质量分阶段改善，并提出达标要求和开发建设行为下的污染物排放管控、环境风险防控、资源利用效率、绿色环境基础设施建设等管控策略与环境准入要求，将它们作为城镇空间用途管制制度实施的重要依据。

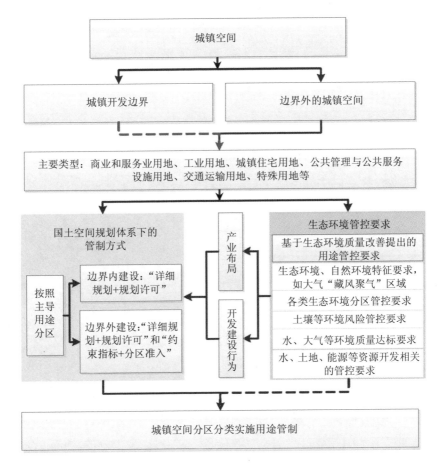

图 4-3　城镇空间的生态环境空间管控示意图

4.3　管控思路建议

4.3.1　生态环境空间管控定位把握

生态环境是保障中华民族永续发展的基础之一，保护生态环境是开

135

发建设行为应该坚守的底线。美丽中国的构建需要通过生态环境管控来坚守生态环境保护的地位，在建设过程中应该发挥前置引导作用。

（1）生态环境空间管控在生态文明、空间规划体系中，具备前置引导地位

当前的生态文明建设过程中，无论是在国土空间规划、主体功能区划等综合性规划中，还是在基础设施建设规划、湿地滩涂保护等专项规划中，如果缺乏生态环境空间管控的相关内容，基本上都是难以通过的。在美丽中国建设过程中，推动生态环境空间管控，构建全国生态环境空间管控体系，可以有效引导我国经济产业与开发建设布局不断优化。

（2）生态环境空间管控在美丽中国建设中，具有规矩性的地位

2018 年 4 月，习近平总书记在长江岸边兴发集团新材料产业园考察时强调，长江经济带建设要共抓大保护、不搞大开发，不是说不要大的发展，而是首先立个规矩，把长江生态修复放在首位，保护好中华民族的母亲河，不能搞破坏性开发。通过立规矩，倒逼产业转型升级，在坚持生态保护的前提下，发展适合的产业，实现科学发展、有序发展、高质量发展。构建生态环境分区管控体系，强化生态环境保护的底线思维和空间管控力度，将哪些能干、哪些不能干的生态环境保护底线要求系统化地立在开发建设等行为的前面。生态环境空间分区管控体系是解决生态环境突出问题、引导构建绿色发展格局、推动我国高质量发展的重要手段和平台之一。

（3）生态环境空间管控在生态环境保护领域，具有基础性的地位

当前，我国环境管理已经全面转向以改善环境质量为核心。然而受环境空间基础数据薄弱、环境空间管控技术探索实践的时间较短等因素影响，环境质量的精细化管理支撑尚显不足。开展生态环境空间管控，

突破以控制单元、土地斑块等空间载体为管理单元的环境质量管控难关，破解环境管理粗放、空间不落地、相互不关联的难题，可为我国生态环境的精细化、系统化、空间化管理提供基础条件，推动环境质量的改善。

4.3.2 生态环境空间管控的基本要求

在当前形势下，生态环境空间管控要服务好国家规划体系建设与生态环境治理体系建设两个大局，以服务生态环境质量改善与生态环境功能维护为目标，坚守生态环境空间管控的规矩地位，坚持以要素管理为主的管控主线不动摇。

（1）坚守生态环境空间管控的规矩地位

保护生态环境是一切开发建设行为应该坚守的底线。生态环境空间管控能协调开发与保护的关系、促进我国高质量发展。因此，生态环境空间管控应强化"规矩"地位，推动发挥参与综合决策基础性、引导性作用的实践。

（2）服务国土空间规划体系改革

区域空间是生态环境空间管控的基础单元，无论是生态环境质量标准还是污染物排放标准以及环境执法监督，都需要落在区域空间上进行。生态环境空间管控要立足于现有空间管控的基础之上，把握生态、城镇、农业三大国土空间用途管制改革方向，使其在国土空间规划"五级三类"体系中得到落实。

（3）坚持要素管理为主的管控主线不动摇

生态、水、大气、土壤、海洋等各生态环境要素在功能、结构、承载力、质量等方面的空间差异性，是生态环境空间管控构建的基本出发点。进一步做强做实各生态环境要素空间管控规划，深入开展各生态环境要素的调查评估，建立精细化、可落地、全覆盖的各生态环境要素管控分区体系，明确各要素空间差异化的功能属性和管控要求，是生态环境空间管控的重要基础工作。

（4）以服务生态环境质量改善与生态环境功能维护为落脚点

生态环境系统的特征决定了生态环境治理体制机制的建设应是一个系统性的工程。生态环境空间管控应坚持以生态环境质量和生态安全为核心，以分区管控为手段，建立"功能—质量—排放—标准—管控"闭环生态环境分区管控体系，推动生态环境治理体系的完善。后续的排放标准、准入要求等的建立均可随之优化完善，并形成一套相对完善的管理体系。

4.3.3 生态环境空间管控总体思路

立足于生态文明体制改革要求，尊重自然规律，与基于"三区三线"的国土空间规划治理改革方向相协同，整合当前各项生态环境空间管控工作，探索建立"1123"的生态环境空间管控体系。

第一个"1"是指明确基础前置性的定位。生态环境空间管控应坚守生态环境保护的"规矩"地位，充分发挥好其基础性、引导性、前置性的作用，为国土空间规划与生态环境治理体系改革提供定规模、优结构、落空间的依据。

第二个"1"是指认准实施管控分区的方向。生态环境各要素在质量、结构、功能等方面存在较大的空间差异性。尊重自然环境客观规律，实施生态环境分区管控，指导各区域按照生态环境要素空间差异性特征合理开展经济建设活动与生态环境保护，是生态环境空间管控的工作方向。

"2"是指实施区域空间生态环境评价与生态环境规划两项基本战

略。深入开展区域空间生态环境调查与评估工作，摸清生态环境结构、功能、承载力和质量等特征，系统掌握区域空间生态、水、大气、土壤等各要素和生态环境保护、环境质量管理、污染物排放控制、资源开发利用等领域的基础状况，形成覆盖全域、属性完备的区域空间生态环境基础底图，作为生态环境空间管控的基础。以生态环境规划为抓手，与国土空间规划层级体系相匹配，建立"国家—省—市—区县—乡镇"五级的生态环境规划层级体系，关注生态环境品质提升的高阶需求，"保底线、提品质"，做好与国土空间规划层级体系的衔接。

"3"是指构建数据、技术、制度三个平台。一是生态环境空间管控应"强身健体"，注重生态环境基础数据的积累与规范，构建适应空间管理要求的生态环境空间管控基础数据；二是尽快统一思想，整合当前各项技术方法，构建适应各层级区域生态环境调查评估、分区划分、规划编制的技术规范体系；三是探索建立生态环境空间管控的政策机制体系，积极推进生态环境空间管控实现法治化的进程。

4.3.4 生态环境空间管控主要任务

（1）构建一套生态环境基础数据体系

生态环境调查是《中华人民共和国环境保护法》赋予生态环境部门的重要职能。以"三线一单"为载体，通过深入、系统地开展区域空间生态环境评价，对区域生态环境的结构、功能、承载力、质量等进行系统评估，形成能体现自然环境规律、协调行政管理边界，且空间位置准确、边界范围清晰、高精度、区域全覆盖的生态、水、大气、土壤、海洋等分区管控的数据体系，构建一套适应全国全覆盖、同口径、信息化、可监测、定期更新，涵盖各类生态环境要素和质量管理、污染物排放、管控要求等生态环境权属信息的生态环境基础数据。

（2）建立"整装成套"的技术方法体系

系统梳理、整合当前国土空间分区分类管理的技术路径与技术方法，对"双评价"技术，"三线一单"编制技术、生态保护红线划分技术、大气和水环境容量确定技术、生态环境功能区划技术、资源环境承载力评价监测预警技术、水功能区划技术等技术方法体系进行对比、衔接、整合，改变当前生态环境分区管控体系的"碎片化"现状，打造一套技术标准统一、功能定位协调、"整装成套"的生态环境空间管控技术方法体系。

（3）构建一套层级清晰、功能错位的规划体系

重构新型生态环境规划体系，按照生态环境要素统筹监管的思路，建立系统完整的"国家—省—市—区县—乡镇"五级生态环境规划体系。国家与省级规划要做好顶层设计，提出区域生态保护红线、环境质量底线等管控要求，合理引导城市规划与布局。市级及区县级规划落实上位规划基本底线要求，提升城市生态环境品质的高阶要求，通过生态空间用途管制、生态补偿等政策，夯实生态空间管控；深化城镇空间内各生态环境要素功能维护、质量标准、准入标准、排放标准等管控要求；加强农业空间内水、湿地、草地、林地等资源的生态功能维护，强化土壤环境安全管控。乡镇级规划要在上述各级规划的基础上，进一步提出国土空间生态环境整治、生态修复与保护等要求。

（4）探索一套分区分类管控的管理政策体系

生态环境空间管控体系构建要紧密依托综合环境功能区划、单要素功能区划、生态空间划分、环境质量底线划分等已有的工作基础，以国土三大空间功能维护为主线，以分区分类管控为抓手，将环境影响评价、排污许可、生态补偿、污染物排放标准、总量控制等管理制度有机融合，配以开发强度、环境质量、排放限制、环境管理、监督执法、经济政策

等要求，形成一套分区分类闭环管理政策体系。

（5）探索一套生态环境空间监测监管制度体系

依托互联网、大数据和现代观测技术，发挥遥感和无人机等技术力量，构建基于生态环境空间分区管控的"天地一体化"生态环境监测监管评估体系，开展统一建设、统一监管、统一分析评估的生态环境质量监测工作。进行生态环境空间管控监督的政策制度研究，明确各类生态环境分区管控的责任主体，探索生态环境空间管控关于衔接协调、组织应用、监督实施、评估考核、动态更新等方面的管理制度，推动生态环境空间管控制度的法治化建设。

参考文献

[1] 万军，于雷，吴舜泽，等. 城镇化：要速度更要健康——建立城市生态环境保护总体规划制度探究[J]. 环境保护，2012，40（11）：29-31.

[2] 吴舜泽. 新型城镇化要坚守环境底线[N]. 中国环境报，2014-08-25（006）.

[3] 曲格平. 中国环境保护四十年回顾及思考（回顾篇）[J]. 环境保护，2013，41（10）：10-17.

[4] 周宏春，季曦. 改革开放三十年中国环境保护政策演变[J]. 南京大学学报（哲学·人文科学·社会科学版），2009，45（1）：31-40，143.

[5] 蒋洪强，刘年磊，胡溪，等. 我国生态环境空间管控制度研究与实践进展[J]. 环境保护，2019，47（13）：32-36.

[6] 高吉喜. 探索我国生态保护红线划分与监管[J]. 生物多样性，2015，23（6）：705-707.

[7] 王金南，许开鹏，陆军，等. 国家环境功能区划制度的战略定位与体系框架[J]. 环境保护，2013，41（22）：35-37.

[8] 王金南，张惠远，蒋洪强. 关于我国环境区划体系的探讨[J]. 环境保护，2010，38（10）：32-36.

[9] 王金南，许开鹏，迟妍妍，等. 我国环境功能评价与区划方案[J]. 生态学报，2014，34（1）：129-135.

[10] 赵俊杰. 全国水环境功能区划初步完成[J]. 中国经贸导刊，2002（20）：24.

[11] 李艳梅，曾文炉，周启星. 水生态功能分区的研究进展[J]. 应用生态学报，2009，20（12）：3101-3108.

[12] 郑思远. 多层级水环境分区分类体系构建[D]. 杭州：浙江大学，2019.

[13] 徐敏，张涛，王东，等. 中国水污染防治40年回顾与展望[J]. 中国环境管理，2019，11（3）：65-71.

[14] 赵越，王东，马乐宽，等. 实施以控制单元为空间基础的流域水污染防治[J]. 环境保护，2017，45（24）：12-16.

[15] 贾琳，杨飞，张胜田，等. 土壤环境功能区划研究进展浅析[J]. 中国农业资源与区划，

2015，36（1）：107-114.

[16] 吴波，郭书海，李宝林，等. 中国土壤环境功能区划方案[J]. 应用生态学报，2018，29（3）：961-968.

[17] 岳奇，朱庆林，刘楠楠，等. 我国海洋功能区划的回顾性评价和新一轮编制建议[J]. 海洋开发与管理，2019，36（2）：3-7.

[18] 刘百桥，阿东，关道明. 2011—2020 年中国海洋功能区划体系设计[J]. 海洋环境科学，2014，33（3）：441-445.

[19] 陆州舜，卢静. 试论海洋功能区划与近岸海域环境功能区划之间的关系及其实践意义[J]. 海洋开发与管理，2008，25（9）：14-18.

[20] 吴舜泽，王金南，邹首民，等. 珠江三角洲环境保护战略研究[M]. 北京：中国环境科学出版社，2006.

[21] 吕红迪，万军，秦昌波，等. 环境保护系统参与空间规划的思考与建议[J]. 环境保护科学，2017，43（1）：6-8，65.

[22] 吴舜泽，万军，于雷，等. 城市环境总体规划编制实施的技术实践和初步思考[J]. 重要环境决策参考，2013，8（9）：1-43.

[23] 加快建立"三线一单"环境管控体系——环境保护部环境影响评价司负责人就《"三线一单"编制技术指南（试行）》答记者问[N]. 中国环境报，2018-01-30（003）.

[24] 环境保护部. "生态保护红线、环境质量底线、资源利用上线和环境准入负面清单"编制技术指南（试行）[R]. 北京，2017.

[25] 生态环境部. "三线一单"编制技术指南（试行）[R]. 北京，2018.

[26] 生态环境部. 关于加快实施长江经济带 11 省（市）及青海省"三线一单"生态环境分区管控的指导意见[R]. 北京，2019.

[27] 生态环境部. "三线一单"图件制图规范（试行修订版）[R]. 北京，2019.

[28] 《党的十九大报告辅导读本》编写组. 党的十九大报告辅导读本[M]. 北京：人民出版社，2017.

[29] 王伟，芮元鹏，江河. 国家治理体系现代化中生态环境保护规划的使命与定位[J]. 环境保护，2019，47（13）：37-43.

[30] 自然资源部国土空间规划局. 资源环境承载能力和国土空间开发适宜性评价技术指南（试行）[R]. 北京，2019.

[31] 环境保护部环境规划院. 宜昌市城市环境总体规划（2013—2030 年）[R]. 北京，2015.

[32] 环境保护部环境规划院. 福州市环境总体规划（2013—2030 年）[R]. 北京，2015.

[33] 环境保护部环境规划院. 广州市城市环境总体规划[R]. 北京，2016.

[34] 环境保护部环境规划院. 广东省环境保护规划纲要[R]. 北京，2006.

[35] 环境保护部环境规划院. 威海市环境总体规划[R]. 北京，2016.

[36] 生态环境部环境规划院. 城市环境总体规划[R]. 北京，2018.

[37] 环境保护部环境规划院. 长吉联合都市区环境保护战略研究[R]. 北京，2011.

[38] 王金南，万军，王倩，等. 中国生态环境规划发展报告（1973—2018）[M]. 北京：中国环境出版集团，2019.

[39] 王金南，万军，秦昌波，等. 建立适应国土空间规划的生态环境空间管控体系[J]. 重要环境决策参考，2020，16（6）：1-24.

[40] 吕红迪，万军，秦昌波，等. "三线一单"划分的基本思路与建议[J]. 环境影响评价，2018，40（3）：1-4.

[41] 万军，秦昌波，于雷，等. 关于加快建立"三线一单"的构想与建议[J]. 环境保护，2017，45（20）：7-9.